U0748009

# 河网地区城市发展理论研究
# 与防洪减灾规划应对

Urban development theory
research and flood control and
disaster reduction planning
response in river network area

杨帆　张鹏　著

中南大学出版社
www.csupress.com.cn

·长沙·

# 前言

　　河网地区多指我国长江中下游水系纵横的平原地区，具有水道密布、水域面积广、地势低洼、夏季暴雨频繁的特点。该区域大多经济发达，城市化水平较高，且城市建设受洪涝灾害影响较大，城市扩张与生态防洪的矛盾十分突出。在我国南方地区河网地区的城镇化发展过程中，城市土地开发扩张的增速愈加明显，近河湖流域洪泛弹性地段也常被侵占，现有的规划建设体系缺乏流域整体洪涝灾害对城市生态影响的充分考虑，亦未对区域内土地利用发展进行生态引导和管控，导致濒水区域的高密度开发与雨洪高风险区域图斑重叠，带来了极端雨洪环境下城市内生命财产安全问题。

　　本书基于"城市绿地系统规划与雨洪管理协同的效能评估与实现机理研究（51608535）""面向生态文明建设和国土空间管制的城市生态与环境规划课题体系创新建设研究（2020JGB139）""基于生态修复与水文过程耦合模拟与量化的湘江流域滨水空间整体结构优化与适宜性设计研究""基于生态环境保护体制优化的长株潭绿地资源跨域联动治理研究"等相关课题的研究成果，以典型河网地区城市——湖南省岳阳市1980—2018年土地利用演变概况为研究蓝本，比对岳阳市近40年来城市土地连续扩张痕迹，分析河网地区城市土地开发特点与发展规律，预测岳阳市未来的城市开发建设及土地利用扩张趋势；又通过搜集岳阳市气候降雨数据，综合城市DEM地形、现有管网数据与历史淹没区进行洪涝淹没分析，进而对城市洪涝淹没风险作出评估及洪涝淹没风险区域划定，通过对标现有土地利用图精确了解城市发展生态威胁的空间错配图斑，作出城市土地利用规划

1

校正，完善河网地区城市规划管理的生态薄弱环节与土地利用应对，呼应河网地区城市的生态安全建设与国土空间规划编制。同时，本书梳理了国内外河网地区城市发展的既有理论研究基础，总结了河网地区城市土地开发特点与发展规律，分析了河网地区城市洪涝灾害与土地利用变化的耦合关联影响，探究了该类地区城镇化发展的最优模式。

本书是团队共同努力的成果，研究生许莹、李祝、雷婷、赵子羽、阳煜瑾、欧坚港等参与了大量实验和数据处理，付出了辛勤劳动。在此向他们表示衷心的感谢。

由于笔者水平有限，书中不足之处在所难免，敬请读者批评指正。

作者

2020 年 9 月

# 目 录

# 第 1 章

▼

# 河网地区城市扩张与洪涝灾害概况

## 1.1 河网地区城市概况

河网地区是十分特殊的地貌形态，水系发达、河流纵横交错，呈网状分布，水系按地形及水流运动，往往出现于大河的三角洲地区。区域内一般地势平坦、河网密布、河道比降平缓、水流方向往复不定。该地区自然条件优越，社会经济发达，水孕育了区域的文明，也对社会经济发展形成了较大影响。河网型城市水系分布密集且交错成网，城市板块陆、屿、块、廊分割明显，广泛分布于我国长江中游、长江三角洲、珠江三角洲等地区，在全国城市中占比为 10.74%。河网型城市可分为近海型、近湖型、近江型三类，典型河网城市特征如表 1-1 所示。近海型河网城市有上海、汕头、福州等城市，大多位于河流与海洋交汇过渡地区，其最根本的特点是受海洋（潮汐）和陆地（河流）的双向作用，具有海陆交互脆弱、胁迫因素多等特点。近江型河网城市有武汉、镇江、芜湖等城市，位于大小不同的河流交汇处。河网在自然状态下的变化主要由淤积而致，河道主支流间层次复杂。近湖型河网城市有岳阳、苏州等城市，主要位于湖泊与河流交汇处，区域内河网密布、湖泊众多。总体而言，相较于近江型、近湖型河网城市而言，近海型河网城市靠近海域，板块分割更为明显，近湖型及近江型河网城市则多具有水系连通成网的特色。

表 1-1　典型河网城市特征

| 类型 | 近海型河网城市 | | 近江型河网城市 | | 近湖型河网城市 | |
|---|---|---|---|---|---|---|
| 城市名称 | 上海 | 汕头 | 武汉 | 镇江 | 岳阳 | 苏州 |
| 城市形态 | | | | | | |
| 空间特征 | 一主、两轴、四翼 | 一心、两湾、四组团 | "1+6"城市格局 | 一带三区 | 一带两圈 | 一面望山、七面环湖 |
| 水系分布 | 三江一湖、海港纵横 | 四江一河、海滨门户 | 一江、三河、四水、多湖 | 长江绕城、大运河穿城 | 九龙闹洞庭、辐射水系 | 河港交错，湖网密布 |

由于自然水系统条件的特殊性，河网型城市与其他城市具有很大的差异。河网型城市蕴含丰富的水资源，其景观格局、地域气候条件、居民的生活习惯及生活水平、文化基因等都呈现不同的面貌。河网型城市水空间通常为城市景观空间的重要领域，担任了居民亲近自然的场所责任，故河网型城市具体建设空间呈现出紧邻水系规划、依水系结构平摊分布、地势平坦低洼地带建造密集的特点。例如，苏州、无锡、嘉兴、岳阳等城市，皆应水而生，依水而建，水从城绕，形成水网交织的城市平面图。

## 1.2　河网地区城市土地扩张特征

改革开放 40 多年来，我国经济一直处于快速可持续发展状态，城市化进程加快，农村人口向城市人口转化的进程加快。国家统计局发布的经济数据显示，2017 年，我国城市有 81347 万人居住，城市化水平为 58.52%，城市化发展已进入关键阶段。然而，快速的城市化进程也导致了许多经济和社会问题，主要是由于人口的高度城市化，不稳定的扩张甚至是不受控制的扩张，这导致了人口城市化与土地城市化之间的不平衡。

长期以来，城市化的快速发展是以土地要素投入广泛、农民生产利益相对被剥夺、环境污染严重为代价的。城市化的盲目扩张导致土地资源的闲置和随意使用，以及对农业土地的非法使用。在某些地方，为了追求 GDP 的增长，大量侵占耕地，将农业用地转化为建筑用地，城市版图也在迅速扩大。然而，大量的土地征用并没有用于巩固区域产业基础，而是用于企业逐利的圈地和城市建设。

改革开放以来，特别是 20 世纪 90 年代以后，由于大量农业人口向城市人口转变，农村集体土地向城市建设用地转变，我国的城市化进程不断加快。这一过程主要是由地方政府主导、以城乡二元体制为基础、非农业用地为支撑的传统城镇化。在多种因素的驱动下，各城市建设用地规模加速增长，企业盲目圈地，造成土地资源浪费，导致土地的无序扩张与原有的城市生态功能区发生冲突，城市生态功能区破裂。

我国的河网地区分布于东南平原或丘陵地带，人口稠密且经济活跃，此类地区的河流水系密布，城市河网复杂，分布不均衡，大多是经济发达的地区，城镇化程度相对较高，人员和财产分布相对集中，洪涝对该类地区造成的破坏将大于对其他地区造成的破坏。换句话说，水系由河流网络的各支血脉组成，是人与自然之间的关键纽带。当下社会经济发展迅速，城市建设趋于完备，这主要归功于大量的人类自主活动，然而随着时间的推移自然生态环境自循环系统受人类活动影响愈来愈严重，直接导致湖泊、河流、沟渠、池塘等水体的萎缩和功能的退化。河流侵蚀、改道、填埋、淤积等现象时有发生。水体的生态功能减弱甚至丧失，环境质量下降，环境状况更加严重。

在河网地区的城市化进程中，由于人口增长、经济发展等因素，不合理的土地利用导致河流堵塞、河网萎缩，城市的生态环境受到严重破坏，城市洪灾加剧。河网地区城市的无序蔓延，不断抢夺城市生态功能区，使生态环境遭到破坏，应对洪涝等自然灾害的能力变差。由此，想要解决河网地区城市当下的困境，必然要在土地利用规划层面注重城市生态环境与社会人文因素，必然要在生态空间划定前把城市未来扩张发展纳入思考范围，必然要在明确河网地区城市面对洪涝灾害时的脆弱性前提下作出科学合理的洪涝灾害应对，以减小灾害影响。河网地区城市国土空间规划在未来需要把握好四个方面的内容，即洪涝灾害与城市发展协同影响、城市洪涝淹没灾害区域的精确划定、洪涝淹没风险评估与分析、城乡国土空间建设对城市防灾作出相应的积极干预与指导。

## 1.3    河网地区城市洪涝灾害概况

在土地不断扩展与全球气候变化的城市发展大趋势下，城市中的洪灾问题频繁发生，造成了重大的社会问题和惨重的经济损失。表1-2所示为2017年中国因洪涝灾害的死亡人口、失踪人口、受灾人口及财产的直接损失统计表，可以看出中国暴雨洪涝灾害受灾损失严重城市主要集中在南方地区，其中河网地区城市洪涝灾害有其特殊代表性，如下所述。

表1-2  2017年中国因洪涝灾害的死亡人口、失踪人口、受灾人口及财产的直接损失统计表

| 地区 | 受灾人口/万人 | 死亡人口/人 | 失踪人口/人 | 直接经济损失/亿元 | 地区 | 受灾人口/万人 | 死亡人口/人 | 失踪人口/人 | 直接经济损失/亿元 |
|---|---|---|---|---|---|---|---|---|---|
| 全国 | 5514.90 | 316 | 39 | 2142.53 | 河南 | 134.42 | 10 | 1 | 10.17 |
| 北京 | 0.74 | 6 | | 1.24 | 湖北 | 500.84 | 5 | | 99.53 |
| 天津 | | | | | 湖南 | 1348.49 | 54 | | 524.42 |
| 河北 | 51.36 | | | 8.32 | 广东 | 310.31 | 13 | | 314.38 |
| 山西 | 46.43 | | | 5.76 | 广西 | 429.67 | 32 | | 130.75 |
| 内蒙古 | 64.29 | 7 | | 17.29 | 海南 | 95.40 | | | 6.01 |
| 辽宁 | 98.40 | 3 | | 69.03 | 四川 | 286.57 | 38 | 1 | 66.83 |
| 吉林 | 148.05 | 25 | 10 | 368.92 | 重庆 | 141.00 | 8 | 2 | 15.94 |
| 黑龙江 | 41.73 | 2 | | 29.28 | 贵州 | 307.65 | 23 | 2 | 40.31 |
| 上海 | 0.31 | | | 0.12 | 云南 | 325.67 | 42 | 15 | 52.22 |

**续表 1-2**

| 地区 | 受灾人口/万人 | 死亡人口/人 | 失踪人口/人 | 直接经济损失/亿元 | 地区 | 受灾人口/万人 | 死亡人口/人 | 失踪人口/人 | 直接经济损失/亿元 |
|---|---|---|---|---|---|---|---|---|---|
| 江苏 | 29.14 | | | 4.54 | 西藏 | 24.72 | | | 16.58 |
| 浙江 | 116.87 | | | 46.96 | 陕西 | 114.45 | 20 | 4 | 98.04 |
| 安徽 | 146.41 | | | 11.68 | 甘肃 | 77.55 | 15 | 2 | 49.55 |
| 福建 | 53.91 | 3 | | 23.02 | 青海 | 9.51 | 1 | | 2.42 |
| 江西 | 543.42 | 7 | 2 | 106.74 | 宁夏 | 4.37 | | | 1.41 |
| 山东 | 58.09 | | | 14.06 | 新疆 | 5.13 | 2 | | 7.01 |

洪涝灾害包含了区域洪水与内涝灾害：内涝主要是区域内部或局部积水无法及时排泄所导致的水灾，而洪水主要是由于气候或区域内外的水文活动造成区域或局部溢水情况且淹没建设区的水灾，洪灾过后可能形成涝灾。实际上，南方较大部分地区多是受涝灾影响，洪灾造成的影响或损失相对小一些；在研究洪涝灾害问题的时候也是侧重缓解区域内的涝灾影响。因为洪灾受自然因素影响较大且不好控制，只能做好预报预警工作，而且洪水灾害研究需要了解区域内外的水文活动，缺乏水文活动的数据支撑就只能参考于区域历史洪灾情况来帮助研究。以往的，用于解决传统城市雨洪管理的方法与体系对河网地区城市效果不佳，传统的海绵城市规划与雨洪管理手段大多都未充分考虑城市个体的差异，也没有综合考虑不同城市灾害实况、空间发展等多方面因素，增强自身抗灾与承灾韧性的新一代城市规划需要充分考虑城市特性。

## 1.4 河网地区洪涝防控研究的意义与需求

河网地区水系格局纵横交错，大、小河流水系相互贯通（图 1-1），没有明确的交界点，且地形多为山地或丘陵地貌。这导致各水系流域无法较好区分边界，分区管理协调难度上升，且水文活动情况复杂多变，洪涝灾害频繁，因此河网地区的洪涝灾害防治问题较一般城市更为突出。当前我国河网地区城市洪涝灾害问题主要体现在以下几个方面：①城市弹性缺失。生态空间功能区被城市建设用地侵占，城市自我生态调节能力减弱，自然防灾能力下降；②城市空间配置错位。城市河网水系密布，城市开发边界划定未把生态环境纳入思考，功能分区与公共职能不完全匹配；③城市空间规划与防洪防涝体系不完善。城市雨洪灾害应对手段主要以工程措施为主，包括利用城市洼地、河沟、植被等调蓄雨洪。由于预警没有确切的精度，高时空分辨率难有高精度的降雨预报，使得洪涝情况预告工作困难。因此，科学有效地评估河网地区防灾减灾能力与洪涝灾害影响，对制订合理的防洪减灾措施，减少洪涝灾害经济损失和死亡人数，加快洪涝灾区恢复重建速度，保障经济社会可持续发展具有重要的积极意义。在我国河网地区防灾减灾应对措施建设较为薄弱的形势下，提高城市防范洪涝灾害的能力，保障城市安全，已成为当前河网地区城市发展的首要目标，河网型城市的城市发展与洪涝防控也有了新的需求：

①城市特性与发展趋势预测研究需求。河网地区城市扩张与洪涝生态防控之间矛盾突出，急需对河网型城市进行纵、横向对比研究分析，明确其城市土地利用变化过程中土地盲目扩张与城市生态功能区的冲突点，归纳总结出河网型城市的城市特性、发展趋势以及发展中面临的问题。

②河网地区城市洪涝淹没模拟需求。通过数据统计分析河网型城市受洪水内涝灾害迫害程度，了解其城市开发边界现状，分区并具体剖析内涝灾害问题，在此基础上对区域进行洪涝淹没模拟，划定淹没区反作用于区域未来建设的开发界线。

③河网地区城市防洪规划应对需求。针对城市化发展过程中面临的洪水内涝灾害问题、数据统计地区降水频率及规模，加以分析论证城市降水(尤其是暴雨)来临的时间，在此基础上明确城市公共设施及其职能，并结合现状问题和国内外"雨洪应对"成功案例，作出控制城市雨洪灾害的有效措施及科学合理的预警应对方案。不仅填补了城市洪水应对这一层面的不足，同时还借助洪水内涝问题引发了更深层次的思考——城市生态空间预警与人类社会活动的自我反省。这对以后城市洪涝灾害应有一定的借鉴指导意义。

图 1-1　河网地区水城交织

# 第 2 章

▼

# 河网地区城市发展与洪涝治理相关研究

## 2.1 河网地区城市发展历程演变

河网地区城市的发展与河流密切相关。丰富的河流水系为城市提供饮水、捕捞灌溉、交通航运等生产生活条件，极大地促进了城市的发展。但随着城市化进程的推进，河流水环境经历了不同程度的人为活动干扰和损害，出现了水质恶化、形态结构受损、水文条件改变以及水生环境退化等问题，城市河网功能的退化反过来阻碍了城市的发展。如今，河网地区城市开始重新思考滨水区的利用，对内部河流进行大规模整治，河网地区的滨水空间也得到重塑和复兴。从城市城镇化历程来看，河网地区城市与水体关系演变可以分为下述四个阶段。

### 2.1.1 萌芽阶段——奠基农业、渔牧业基础

河流作为地表水体的一种存在形式，其影响或创造的空间环境为城市的形成和发展奠定了基础。作为人类生长和生活的必要源泉，人类文明起源与河流密切相关。在城市形成和建设的早期，人类对饮用水的需求促使原始的部落聚居地主要沿河流两岸建设，农业对灌溉的需求促使古人类的居民点向平原河流阶地上聚

集，从而出现了原始的城镇。纵观世界历史的进程，沿河或沿海是世界文明发源地的必备条件，如中国的黄河流域、古巴比伦的幼发拉底河流域、古希腊的爱琴海诸岛等，都是人类最早出现聚居点的区域。早期的城镇由于陆上交通尚不发达，舟楫之便自然尤为重要，而且早期城市居民生活也无法摆脱对水中鱼、藻类等动植物资源作为食品的需求，因此江河、湖泊等体现淡水资源和交通条件的河网地区无疑成为城市立地的最优条件。在这一发展阶段，河流为城市提供饮用水、农业灌溉用水和捕鱼的需求。同时城市规模小，生产力水平低，对河网水系在商业、建设和交通运输上的需求不大，河网地区保持着河网水系的健康以及近自然的河网水系结构，呈现一种自发性的良性发展态势。因地制宜、临水而居，水与人和谐共生，关系融洽是这个时期水体与河网地区城市关系的主要特点。

## 2.1.2　繁荣阶段——黄金水道的形成与发展

商品与市场的发育促进了城市对于货物运输的需求，在陆路运输技术受限的背景下，水运交通作为快捷便利的运输方式得到快速的利用和发展，各类黄金水道的出现促进了沿河周边城市的发展繁荣，江河交汇的河网地区因其交通优势逐渐成为工业和贸易的聚集区。大量的漕粮、丝棉制品、商品粮、手工业品等都需经河网转输或集散，因此部分较大的商业都会产生于通航河道的重要渡口或两条通航河道的交汇处。随着城市加速发展与资本的累积，城市的工商业逐步完善，水上航运的发展日渐兴盛，步入了鼎盛时期。在这一时期，如意大利的威尼斯、德国的汉堡、荷兰的阿姆斯特丹等河港或海港城市成为重要的区域性商业中心都市，港口、码头等人群密集，商贸活动频繁。此外，便利的港埠交通条件不仅对于城市日常运转有着促进作用，同时，推动了城市的发展辐射，吸引周边地区及其他国家不同文化元素，形成了多元文化在此的碰撞融合。许多世界著名城市都地处重要黄金水道或海陆交汇之处，例如匹兹堡、圣路易斯、苏州、南京等都是因其滨水特征而享名世界。滨水河网地区因发达的水运交通网络、便捷的水上交通工具而集聚了大量早期的手工业、交通业和仓储业。如图 2-1 中展现的中国古代滨水生活场所，至今保存完好的威尼斯水网体系，这些栩栩如生的滨水场景体现了河网地区城市的兴盛。这种景象一直延续到铁路运输时代，此时的河网地区由于水陆交通枢纽的关系和港埠功能的充分利用得到了长足的发展。这一时期的城市与水齐头并进，因城市的日常活动对滨水地区生态环境的影响甚微，滨水空间的生态环境质量优良，水资源对城市社会经济及文化活动的影响较大，是城市与自然密切联系的核心。

图2-1 《清明上河图》中的古代滨水生活场所

## 2.1.3 衰退阶段——河网水环境的破坏与衰败

自17世纪初起，人类将发展重心置于城市物质环境的建设和经济效益的提升，但当时，对于城市环境的改善主要在城市内部空间，河网地区城市的滨水空间的发展和建设长期滞后，自然环境的保护、用地功能的调整及交通运输功能的发挥没能得到应有的重视。第一次工业革命以后，人类社会性质逐步向工业方向演进，传统的农业及手工业生产被大规模的工厂化生产所取代，城市开发强度进一步增大，城市中的人口规模及用地规模持续扩大。工业社会前期，陆路运输与航空运输体系尚不健全，水运交通是大规模机械化生产的产品的主要运输手段，因此，在这一阶段大量的工业厂房、仓储用地及货运码头充斥着城市滨水地区，同时，大量的工业及生活污染物随着工业化的加速推进以及城市人口的聚集而产生，滨水地区的生态环境受到了严重的破坏。工业社会中后期，蒸汽机发明以后，火车、汽车及飞机等更加便利的交通工具相继问世，水运交通的垄断地位受到冲击，逐渐被陆路运输及航空运输所取代，随着污染的日益加重，滨水地区对于城市的价值日渐式微，滨水地区的仓储、物流类建筑被大量闲置，同时原本聚集在滨水地区的城市功能也逐渐迁移到了新的市中心，滨水地区开始走向衰败。

　　总体来说，经济效益是工业社会时期滨水地区最重要的因素，城市为了经济发展而忽视了滨水地区的生态环境，滨水地区迅速走向衰败，陆路交通成为城市发展的主线，城市开始背水发展，多年的污水、垃圾排放使水体出现了严重污染，致使河网地区人居环境的质量急剧下滑，城市发展条件遭受了前所未有的冲击，滨水地区开始成为居民不愿接近的地带。如上海的苏州河段两岸，过去曾是人声鼎盛的地区之一，后因水质污染严重，一度成为上海环境质量最差的地区。在一定程度上，工业革命的到来对河网地区的发展来说，是一场深重的灾难。这一时期最显著的特征便是因对经济效益的狂热追求，造成的河网地区生态环境的严重破坏。

## 2.1.4　复兴阶段——现代水乡文明的构建与兴盛

　　20 世纪中叶，因世界性的产业结构调整，全球众多河网地区大多经历了严重的逆工业化过程，工业、交通设施和港埠陆续从城市中心地段迁走，人口持续增长的压力迫使城市加速扩张，并致使众多河网地区城市可加以利用的土地资源和开放空间日益减少。随后，城市的经济结构开始由商品经济向服务型经济转型，科学技术的加速发展，使经济、文化、政治等方面发生了重大的变革，人类的思维方式及行为方式受到了深刻的影响，城市的环境品质成为人们考虑的重要因素。人们也渐渐意识到了城市高速发展对生态环境造成的巨大破坏以及产生的诸多城市问题和社会问题，因此，人们开始针对上述问题采取了一系列的措施。在这一时期，滨水地区重要的生态价值被人们所认知，政府及越来越多的规划师投身于对城市衰败的滨水地区进行复兴再利用的研究中。随着尊重水网格局、顺应自然发展、保护水乡环境的现代水乡文明理念逐渐兴起，一度被忽视的城市滨水空间愈加受到人们的关注。这种现象带来了河网水资源利用和土地利用的历史性转变——许多城市通过商务和游憩活动来带动并复兴地区发展。城市滨水空间复兴的成功例证有，美国的巴尔的摩内港、加拿大的维多利亚内港的开发等。事实上，因工厂、仓储业或码头站场等占据的城市滨水空间普遍具有空间功能置换的可能性，河网地区用地功能结构的再重组成为这些地区再生的基础。从20世纪80年代至今，掀起了一波滨水地区改造再利用的狂热浪潮，世界上众多城市陆续开展了规模宏大的滨水地区更新改造活动，如法国塞纳河滨水地区的更新改造通过对水质的修复、提升综合城市环境、重新组织用地功能等手段，滨水地区的活力得到了复苏（图2-2）。此外，在新一轮的滨水地区更新中，人与环境、城市环境与滨水地区生态环境的交互受到了重视，对滨水地区历史文化的尊重与传承，使得滨水地区的自然环境及人文环境有了质的改变。总体来说，这一阶段河网城市滨水空间复兴的根本目的是创造一个舒适、宜居的人居环境，人们通过众多更新活动，将滨水区植入以服务城市居民为主的商业、休闲、观光等功能，滨水地区再复当年盛景。

图2-2 更新改造后的塞纳河滨水风光

## 2.2　河网地区城市发展理论与思想集成

河网地区大多处于城市与自然的交接处，因其具有独特的水文、地貌、人文历史等特征而备受关注，常作为城市建设开发的"门户"。随着城市化进程的加快，河网地区不断被开发利用，带来该区域经济快速增长的同时，也因开发不当导致生态环境被破坏，一定程度上阻碍与制约了城市的发展，因此河网地区的生态环境越来越受到人们重视。最初对于河网地区的研究，主要基于历史地理学，通过溯源等技术方法对河网地区进行定性分析；此后随着流域地貌学、景观生态学、水资源管理学的发展，河网地区城市发展形态、结构、分析方法与理论得到了进一步的完善。在对河网地区的开发建设过程中，不同的发展理念对河网地区的生态个性进行空间塑造与控制，提供城市与众不同的形态，以此赋予城市地方特色和个性。

在河网城市的发展过程中具体出现以下问题：①早期对于河网地区城市的形态、结构研究基本都停留于定性分析阶段，系统整体缺乏数据的支持，难以进行更深入的研究。②河网地区城市的自然环境和人为环境处于长期割裂的状态，人类行为影响范围逐渐增大，蚕食了大部分优质自然空间，重发展而轻生态功能。③过去河网地区城市的发展追求速度与指标提升，以不可逆转的自然环境破坏为发展代价，极不利于长期持续的发展。④城市化进程加快了人类的需水量，人类对河流水量的攫取、排污等超过了河流承载能力，对河流不计后果的水能开发，给河网城市造成了一系列或隐或现的生态、地质危机，对河流裁弯取直或人工渠化降低了河流的自净能力等。⑤近年来，河网城市为应对水域自然灾害进行的堤防修建，对河流空间不断压缩，对河流沿岸河漫滩地和湿地的挤占与开发，最终造成了河流的一系列生态问题，表现为水质恶化、湿地退化、水量锐减乃至断流、河流形态多样性降低或丧失。⑥在河网城市的内部建设方面，由于河网城市地势较低，城市基础设施对暴雨天气的抵抗能力不足，造成水文机制的受损，导致城市地表径流污染、水资源短缺、洪涝灾害和河道侵蚀等环境问题。对于以上问题国内外研究者进行了系统的理论研究与实践探索,试图从多学科(景观生态学、流域地理学、城市水资源管理学、历史地理学)、多角度解决问题。

## 2.2.1 景观生态学思想及其相关理论

景观生态学是一门以运用生态系统原理和系统方法研究物质流、信息流、能量流在生物与非生物之间的相互作用来进行景观格局美化、结构优化的学科。景观生态学主要研究异质景观的格局和过程,以及在时间和空间等多重尺度的研究。它的新颖在于景观理论强调空间异质性、系统的等级结构、时间和空间尺度效应以及人类对景观的管理和使用。景观生态学的重要性在于它直接涉足于农业景观、城市景观等人类景观课题,对人类的生产生活构成影响。在河网地区城市发展理论中,景观生态学主要用于生态导向理论的研究与可持续发展理论的研究中,通过对自然环境和人为环境的综合体进行系统研究,对河网地区形态结构作出定性及定量分析。景观生态学是当代河网地区研究的重要学科之一,其内涵如图2-3所示。

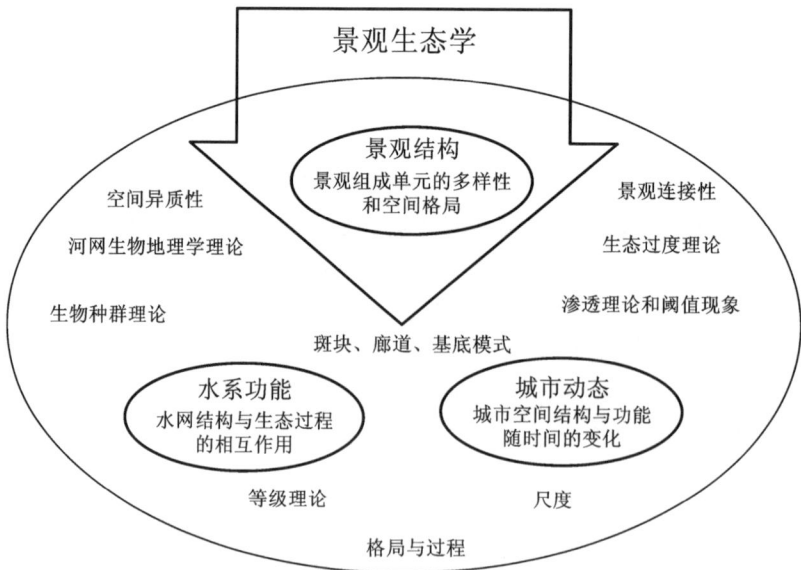

**图2-3 景观生态学内涵**

1. 生态导向理论

"生态导向"即城市发展时以生态为导向,它融合了生态学、环境科学、可持续发展理论等多项理论成果,用来解决城市面临的生态问题。这一概念起源于1999 年,由于第二次产业革命的发展,美国城市的盲目扩张、城市生态环境破坏等现象,霍纳蔡夫斯基(Honachefsky)认为这一系列现象产生的原因是人们在使用土地的过程中将土地的潜在经济价值置于生态过程之前,因此强调将规划区域的生态价值和服务功能与该地区的土地开发利用政策结合起来,提出了"生态优化"的思想。这一思想在全球范围内得到积极响应,并由开始简单的生态"保护"深化到利用生态学的方法引导和优化城市、区域发展。其本质是希望在保护生态的前提下进行城市开发,以满足人自身对城市空间的需求。生态导向理论发展概况如表 2-1 所示。

表 2-1  生态导向理论发展

| 发展阶段 | 环境问题 | 研究重点 |
|---|---|---|
| 生态建设自发阶段<br>(18 世纪 60 年代以前) | 人对自然的改造能力有限,环境状态良好 | 城市建设因地制宜地进行规模的控制和选址 |
| 生态思想萌芽初发展阶段<br>(18 世纪 60 年代—20 世纪 40 年代) | 人改造自然的能力加强、城市建设进程加快 | 探索人与自然和谐共处的方式 |
| 生态思想繁荣发展阶段<br>(20 世纪 50 年代至今) | 出现"八大公害事件",城市环境严重破坏 | 研究城市化地区和生态系统共同演化的方式 |

城市的理想状态是人与自然和谐共生,然而城市在发展过程中受到各项建设活动等人为因素的影响,使城市出现了不同程度的破坏。滨水城市位于陆地与河流的交界处,生态环境复杂,生态敏感性高,破坏程度大。同时在城市化进程中,由于人们的生产方式和生活方式发生转变,人们对自然的利用和改造能力的增强,使城市自然环境发生了结构性的破坏,引起了城市内涝频发、水环境污染、空气质量下降等一系列生态问题。生态导向下的城市滨水空间规划建设是以生态价值观为核心,将城市的开发建设与自然协调共生结合,充分认识了城市中所出

现的生态问题，掌握了城市内部生态系统的运作规律，探索出了适宜于生态原则的城市空间形式和布局方式。生态导向理论的应用目标是建立一个可持续的有机复合系统，实现城市发展与河流水系及周边的生态恢复和保育的良性循环，建设能够高效运转、人与自然和谐、经济与社会发展持续的城市。

2. 可持续发展理论

环境污染、人口激增、能源紧张、粮食短缺、资源破坏是当今世界所面临的五大问题，它们相互影响，对世界各国的社会经济发展构成阻碍。1978 年，国际环境和发展委员会（WCED）第一次在文件中正式提出了可持续发展理念。1987年布伦特兰的《我们共同的未来》报告发表之后，可持续发展才对世界，包括政治学在内的各行各业产生影响。1992 年 6 月在里约热内卢举行的"联合国环境与发展大会"（UNCED）是人类有史以来最大的一次关于可持续发展的国际会议，大会通过了两个纲领性文件，即《地球宪章》和《21 世纪议程》，标志着可持续发展从理论探讨走向实际行动。

城市的可持续发展是协调发展的状态，它协调社会、经济、自然、环境等人类生活中的多方面内容，其基础是既满足当代人的需求，而又同时又不以子孙后代的需求为代价。在城市规划的框架内，城市的可持续发展思想可以充分发挥其功能，满足人类、社会需求，并为城市的可持续发展作出贡献。可持续发展理论其核心是发展，主体是社会发展系统，目标是实现社会发展系统的可持续性，标志是资源的永续利用和生态环境的改善。可持续发展并不单单针对环境问题一方面，而是多层次、多角度的，其根本原则有三条：①公平性原则。公平性既指代内公平，又指代际公平，既可持续发展满足当代全体人民的基本需求又不损害后代满足自身需求的能力。②可持续原则。可持续发展的核心是发展，但是这种发展必须是以不超越环境与资源的承载力为前提的。③共同性原则。地球的完整性和人类的相互依存性决定了人类根本利益的共同性，可持续发展是全球发展的总目标，也是人类的共同目标。综上，可持续发展是一种鼓励经济增长的，以自然资产为基础的，以改善和提高生活质量为目的的理论。它是一种承认自然环境价值的新型发展模式，对城市生态、社会、经济发展具有重要意义。

可持续发展理论的研究角度如表 2-2 所示。

表 2-2　可持续发展理论的研究角度

| 研究角度 | 研究内容 |
|---|---|
| 资源角度 | 城市需合理利用自身资源，注重资源的利用效率，为当代人和后代人的发展充分考虑 |
| 环境角度 | 城市应当完成自身对环境的责任，利用环境生态规律解决城市问题 |
| 经济角度 | 城市应当充分发挥自身的经济潜力，追求高质量的经济人口和技术产出 |
| 社会角度 | 城市应当实现人类相互交流、传播文化和信息的公平、稳定、生机 |

## 2.2.2　流域地貌学思想及其相关理论

地貌学是地理学的分支学科，地貌学是研究地球表层形态成因、分布、特征及其演变规律的学科，又称为地形学。它是人类在地球上赖以生存的载体，更是现代社会进行城市建设、生态保护、资源质量评价与合理利用的基础，因此备受关注，进而发展成一门体系完善的学科。随着研究者对地貌学研究的加强，地貌学分支学科也得到了快速发展，其中学科细分主要包括气候地貌学、动力地貌学等，根据研究区域地貌特征的不同又可以划分为冰川地貌、风沙地貌、河流地貌等。目前，由于河流、湖泊地区城市分布较多，生态系统复杂，生态敏感程度较高，在地貌学领域对流域的理论研究较多，其中以河流四维理论和流域"自然社会"二元水循环理论为代表。

1. 河流四维理论

河流四维理论模型起源于西方，具体是在 Ward(1989)在 Vannote(1980)提出的河流连续体概念基础上，补充发展提出了河流四维理论模型。Ward 将原来提出的河流内存在单维的有机物输送、移动的连续性，扩展成三维(物质流、能量流、物种流和信息流)连续性；并提出整体流域间存在 4 个方向上的动态变化：①河流源头与河口存在纵向上的联系和变化；②河流与河岸带存在横向上的物质和能量交换；③河流与地下水间存在竖向上的联系；④河流的形态与演变存在一个时间上的变化联系。由于各河流子系统间存在四维方向上的相互作用，因此河流生态系统表现出高度时空异质性。

在河流四维理论模型中，将河流的运动看作为在重力作用下的一种不可逆的单向运动，在这个运动中还存在着不同方向上的作用。当在河流的任一横断面建立一个坐标系，$X$轴代表水流的横向维度；$Y$轴代表水流的纵向维度；$Z$轴代表水流的竖向维度；$t$轴代表时间维度，如图2-4所示。

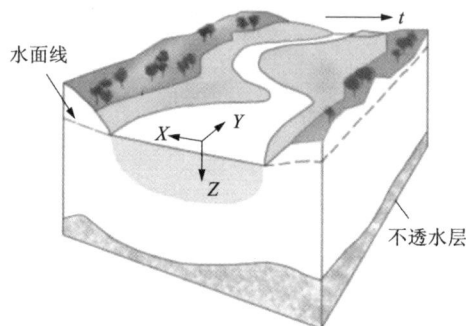

| 坐标轴 | 代表方向 | 意义内容 |
|---|---|---|
| $X$轴 | 横向维度 | 河流的横向运动给河岸带来的季节性淹没是河漫滩水、陆生物完成生命周期的紧要环节；河流的横向运动将河湖湿地系统有序地联系在一起，有利于径流调节 |
| $Y$轴 | 纵向维度 | 主要强调河流单向运动连续体的特性 |
| $Z$轴 | 竖向维度 | 主要体现在河流与河床发生的垂直方向上的相互作用，如地下水可充分影响河川径流水文要素 |
| $t$轴 | 时间维度 | 主要强调河流水体的时空演变，如河道形态演变的历史、水生生物的发育和成长周期等 |

**图2-4 河流四维理论模型**

在雨洪蓝网空间规划中，河流四维运动中的横向运动特征尤为重要。具体而言，当洪水漫溢向$X$轴，此时主河道与河滩、河汊、水塘和湿地连成一片，形成复杂的河流-河漫滩体系。河流将携带的腐殖质等营养物质运送到水陆交错带和洪泛平原，给河岸的生态系统以生产力，鱼类等水生生物可在河漫滩及湿地生存和繁殖。当洪水退去，水生生物洄游至主体河道，同时遗存的腐殖质可作为陆生生物的营养物质。在洪水涨落过程中，物质流、能量流、物种流和信息流交换得以完成。这种横向运动对重塑雨洪蓝网空间横向生态循环具有重要意义。

2.流域"自然社会"二元水循环理论

流域"自然社会"二元水循环理论为流域综合治理提供了重要支撑，其本质是指流域水循环在服务功能属性、循环结构、循环路径、驱动力等多个方面呈现出"自然"与"社会"二元化的特征与规律。流域水循环的二元理论有 4 个重要特征：水循环路径的二元化、水循环服务功能的二元化、水循环驱动力的二元化、水循环结构和参数的二元化。其中服务功能的二元化是其本质，循环结构和参数的二元化是其核心，循环路径的二元化是其表征，驱动力的二元化是其基础。就目前而言，国外对二元水循环的概念没有完整的给出过，但也有学者关注自然水循环系统与社会水循环系统之间的相互作用以及协同演化等问题，同时也有学者在研究城市流域的水循环时，将水循环系统划分成自然和人工两个子系统，并在此基础上分析了自然、社会两个子系统的组成部分及其对城市水量收支情况的影响。国内学者对二元水循环概念与模式进行了大量的研究，并对二元水循环进行定义，论述了人类系统与自然系统之间的耦合关系。

## 2.2.3　城市水资源管理学思想及其相关理论

随着城市化进程的加快，城市硬质地面不断扩张，污水排放量日益增多，使得城市排水难度增加，这对城市水资源管理提出了更高的要求。水资源管理是指运用教育、行政、技术、法律、经济等手段，动员社会各方面力量对水资源进行保护，处理地域间水资源分配不均，供需不平衡的矛盾。应处理好水资源开发利用与社会经济发展以及环境保护之间的关系，严厉打击破坏水源的行为，限制水资源的不合理开发利用，制订供水系统和水库工程的优化调度方案。国外最早出现的水资源管理理论为低影响开发理论，用以解决城市非点源雨水污染。国内学者在低影响开发理论的基础上提出了海绵城市理论。

1.低影响开发理论(LID)

全球快速的城市化进程导致城市地区土地扩张和植被覆盖的变化，改变了城市下垫面条件，破坏了原有的自然水文循环机制。水文机制的受损导致城市地表径流污染、水资源短缺、洪涝灾害和河道侵蚀等环境问题日益严重。为了解决这一系列负面效应，发达国家很早就开始了对雨水资源管理和利用的相关研究。低影响开发理论，是 20 世纪末美国提出的一种雨水系统管理概念，其发展历程如图 2-5 所示。区别于传统的雨洪调控措施，低影响开发理论的原理是通过小规模、分散的源头控制技术，去除污水中渗入地下的雨水，去除雨水中的营养物质、重金属和病原体等，为河湖提供一定的地下水补给，而且要最大限度地减少和降低土地开发对周围生态环境的影响，从而实现对暴雨产生的径流污染进行控制，使区域的开发建设尽量与开发前的水文状态保持一致，实现人、城市与自然的共融和谐，对改善城市的生态环境具有重要作用和意义。但迄今国内关于 LID 的研究仍处于起步探索阶段，尚没有全面的 LID 标准和完善的管理体系，且推广缓慢、普遍率较低。

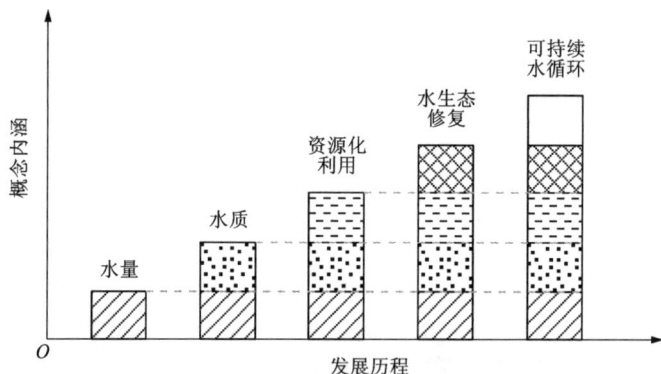

图 2-5 低影响开发概念发展历程

低影响开发理论是以原有的生态系统为基础，强调尊重本地社会人文、生态环境、自然特征，促进城市与自然和谐共生的产物。在低影响开发理论提出时，其初衷是在源头上进行雨水控制，减小雨水的径流流速。随着低影响开发理论的深入发展，以及我国城市建设和场地开发中水资源短缺、内涝频发、水体污染等众多复杂问题，低影响开发理论在我国其内涵得以延伸，它强调雨洪控制设施的设计应贯穿于整个场地规划设计过程之中，形成了从源头到末端的全过程式、一体化雨水控制理论措施。

广义而言，低影响开发理论在城市开发过程中包含源头削减、末端蓄存、中途传输等多种方法，来实现雨水水体的渗透、滞留、蓄存、净化、利用等多项目标，以完成城市水体循环的良性发展，在实现对雨水径流的控制排放的同时，改善城市生态环境，提升城市的生态价值，恢复场地对水体的海绵化功能，达到城市生态化的可持续建设。低影响开发示意图如图 2-6 所示。低影响开发理论在生态环境保护以及城市雨水资源化利用方面的具有显著优点，具有较大的推广价值和应用前景。今后随着 LID 的进步，在性能评估、实地监测、模型模拟、工程实践、科普推广和法规标准出台等方面工作也会不断深入，定会推动 LID 在我国各大城市的广泛应用，充分发挥其对城市环境保护、水资源管理和可持续发展的重要作用。

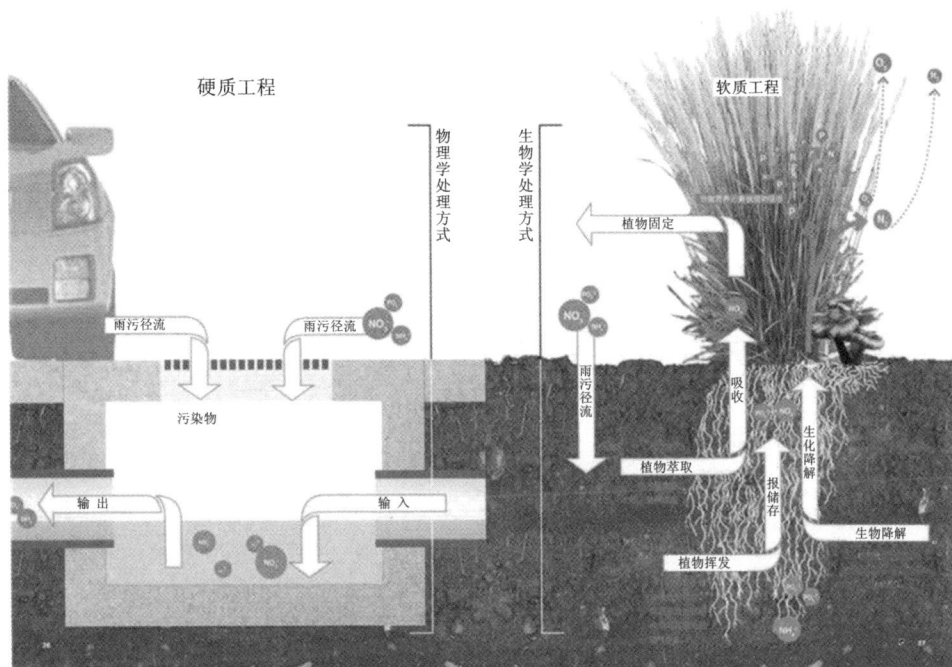

图 2-6　低影响开发示意图

2. 海绵城市理论

海绵城市是城市生态雨洪管理方式之一，住房和城乡建设部发布的《海绵城市建设技术指南》对海绵城市给出了定义，其大意是城市能像海绵一样，下雨时吸水、蓄水、渗水、净水，并能够在需要时将蓄存的水释放加以利用，在适应环境变化和应对自然灾害等方面具有良好的"弹性"。

海绵城市需具有吸纳、净化和利用雨水的功能，以应对极端降雨等气候变化，并具有防灾减灾、维持生态的能力。具体来说，海绵城市就是以"源头分散"和"慢排缓释"为理念，利用适当的场地设施渗透吸收雨水，并对部分雨水储蓄、净化和利用，其示意图如图2-7所示。因此，在解决城市洪涝问题时，不仅要着眼于单一水体的管理，还要优化和改造影响城市水体的整个生态系统。在不破坏环境，不允许环境随着城市发展而变化的情况下进行城市规划和建设是科学的。增加透水路面混凝土的比重，以及对绿地、公园的合理分配，增强城市的净水排水能力，使城市具有类似于海绵的可塑性，可以有效吸收雨季的降水从而缩减洪涝灾害发生风险，还可以将雨季积蓄的水在旱季"释放"来缓解干旱程度。

根据海绵城市相关理论研究得出：每1 km² 的自然流域变为城市时，雨水的径流峰值流量将增加1.5~6倍。河网城市作为自然流域中的一种典型城市类型，其不透水地面的扩张、需水与排水量的激增对城市水系统提出了更高的要求，海绵城市成为河网城市建设的重要方法。重建城市排水管网系统并不是建设海绵城市，海绵城市是在现有排水系统最大限度发挥城市环境本身作用的基础上给传统排水系统减轻"负担"，落实各层级相关规划中确定的空间、指标和技术要求，因地制宜划定分区确定重点建设海绵城市区域，有效控制城市洪涝灾害，减少洪涝灾害发生频率；以最少的人力、物力和财力来有效管理和规划各种自然资源，实现城市生态的有效发展。目前，国内海绵城市建设处于起步阶段，在之后的发展过程中应当借鉴国外相应的理论方法和技术手段，根据国内城市建设情况和当地的社会经济发展水平因地制宜，开展相应的本土化海绵城市实验研究，并以示范工程为基础，不断探索适合国内海绵城市建设的技术路径和设施标准。

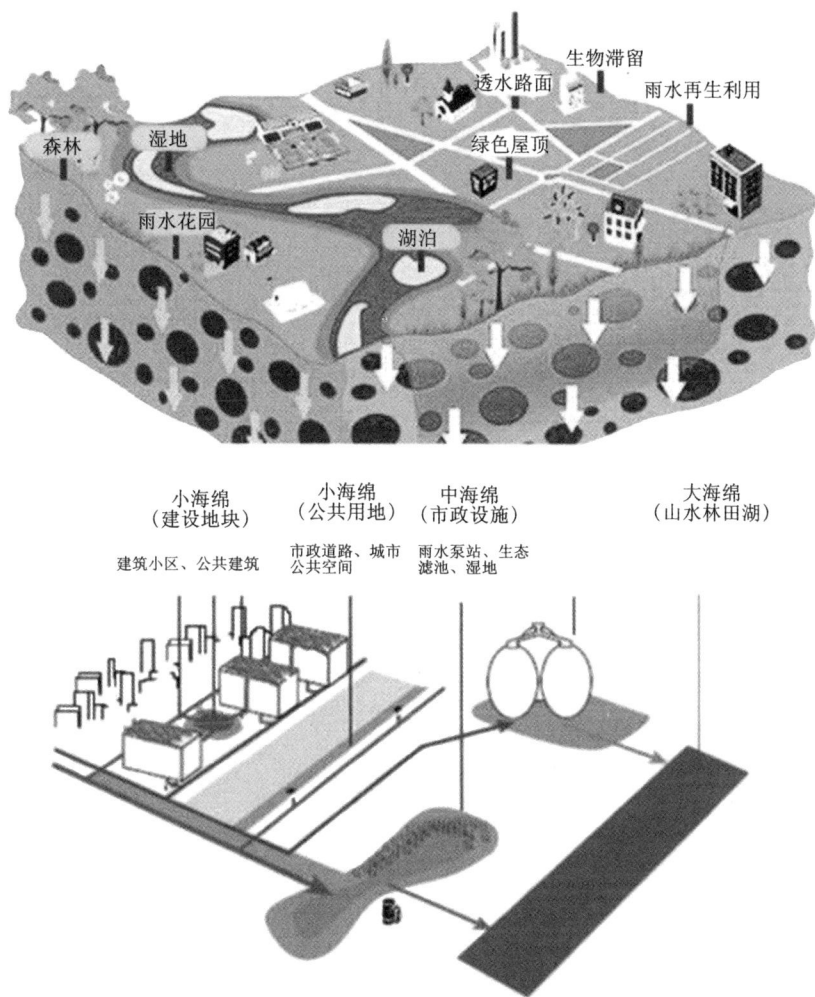

森林　湿地　透水路面　生物滞留　雨水再生利用　绿色屋顶　雨水花园　湖泊

小海绵
（建设地块）　小海绵
（公共用地）　中海绵
（市政设施）　大海绵
（山水林田湖）

建筑小区、公共建筑　市政道路、城市
公共空间　雨水泵站、生态
滤池、湿地

图 2-7　海绵城市示意图

## 2.2.4　历史地理学思想及其相关理论

历史地理学是研究在地球历史发展中地理环境及其演变规律的学科。空间层面和时间层面是历史地理学中两个最为重要的方向，而"人类历史时期地理环境的变化"，正是这两个维度的结合，所以历史地理学的本质是对人类历史时期自然与人文现象的空间发展过程进行研究，它是地理学下的分支学科，主要分为三大体系：①历史自然地理学，即研究不同历史时期各地域自然地理环境的变化及其规律，例如历史气候研究；②历史人文地理学，即研究历史时期人文地理环境的变化及其规律；③区域历史地理学，即研究中国历史地理学历史地图。

早期国内对于河网水系变迁的研究，主要就是利用历史地理学相关理论，根据历史文献记载、历史底图，进行历史地理溯源和历史地图的解读对不同地质时期和历史时期的河网水系结构和状态的演变进行定性化描述。

## 2.3 河网地区城市洪涝灾害治理基础研究

在城市发展速度加快、暴雨事件有所增加的情况下和大江大河治理水平提高的背景下，洪涝逐渐成为城市灾害的一个主要来源。而河网地区城市在城市化进程中首当其冲，土地盲目扩张侵占了城市生态空间，使得洪涝灾害更加严重。目前针对河网地区城市洪涝灾害治理的基础研究集中体现在区域水文活动与河湖水系空间格局、区域公共职能与绿色基础设施建设研究、城市绿地系统及景观规划研究、城市国土空间规划研究、城市生态环境与生态空间格局研究、城市洪涝风险分析研究、城市雨洪灾害应对与预警研究。

### 2.3.1 城市洪涝灾害诱因研究

城市洪涝灾害是自然因素和社会活动共同反应造成的，城市实际受灾情况还与灾后管理有一定的关联，城市出现洪灾的结果是三者综合作用后的结果。城市洪涝灾害形成机理如图 2-8 所示。

1. 城市洪涝灾害发生的内在诱因

从城市本身来看，城市洪涝灾害的发生受规划、建设、管理等多方面的影响：①频繁的暴雨天气造成城市地面短时间内积水严重，导致整体流域水位上升。②城市的快速发展带来了诸多变化，而城市整体的规划体系建设难以把握或

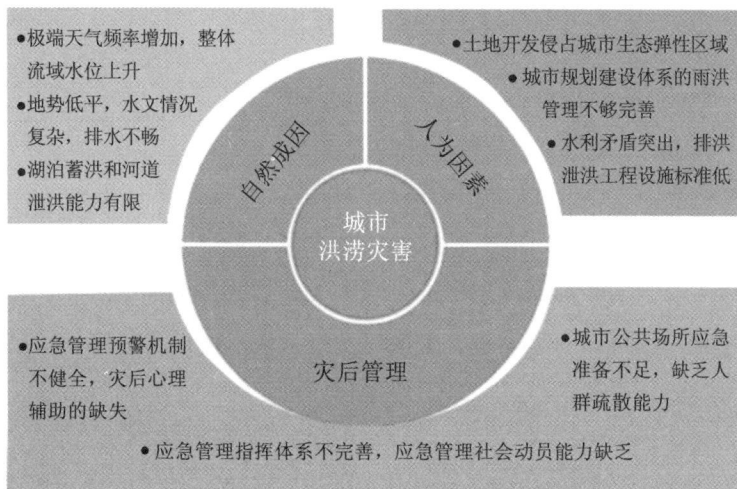

图 2-8　城市洪涝灾害形成机理图

预测这些变化，以至于没有预先针对这些变化作出应对方案或措施，即缺乏前瞻性的城市规划或设计，同时低标准的防汛排涝系统也无法完成暴雨时期泄洪、排洪任务。③政府洪涝灾害应对管理与系统建设不完善，还存在管理方式落后和监督管理力度不够等一系列问题。

从河网型城市所处地理地貌来看，较其他城市而言，河网型城市原生地貌呈陆、屿、廊、块分布、水系交织、地势低洼，并且现状建设空间紧邻水系、依水系城市结构平摊分布、低洼地带建筑物建设密集的特点，极易产生洪涝和水污染。目前滨水城市空间由于以上原因逐渐减弱并丧失，已经严重威胁城市生态安全。

2.城市洪涝灾害发生的外在诱因

从流域等外部环境来看，城市洪涝灾害的发生还受区域水环境、区域生态用地侵占情况、区域防洪工程建设等多方因素的影响。

一方面，极端气候下城市雨洪径流自然汇聚与流域水位整体上涨，河网型城市地区河流水系繁杂且地势非常平坦且低，地下水位相对较高，容水率相对较低。洪水径流是径流自然循环过程中的一环，但现今城市绿地系统、河湖系统、雨排系统排蓄洪水的协调能力不足，且已不能实现自然河湖洪水径流与城市地表洪水径流的动态稳定。暴雨之际，当河网型城市地表的洪水径流增长且达到峰值时便形成内涝，且极易与自然湖泊等水系所形成的洪水径流汇合，易使城市雨污管网出现倒灌现象；同时流域上下游水库也易出现险情，当上游城市发生紧急容差泄洪时会进一步加剧城市雨洪漫灌现象，从而带来二次洪涝灾害，使水环境污染，威胁市民人生命安全。

另一方面，城市生态弹性用地面积比例缩小。城市土地开发侵占了城市原有的河湖流域等自然生态功能区，导致城市承灾抗灾能力下降。此外，城市的给排水等市政工程系统及设施建设相较于快速发展的城市处于严重滞后状态；城市工程管线等专项市政设施远没有与城市发展相匹配；城市硬地面积增多，地面时常积水且地下排水系统不发达，造成城市洪涝灾害影响越来越惨重。河网地区城市不仅是水域蓄洪的缓冲区域、自然水陆交错带，也是生物群体联系的关键廊道和重要地段，它为生物提供了生存的场所和能量转移的空间。但城市建设的无限扩张导致了其生态性的逐渐缺失，城市"容水"性缺失，洪水漫向城市。城市建设前后洪泛滩区生态循环对比如图 2-9 所示。

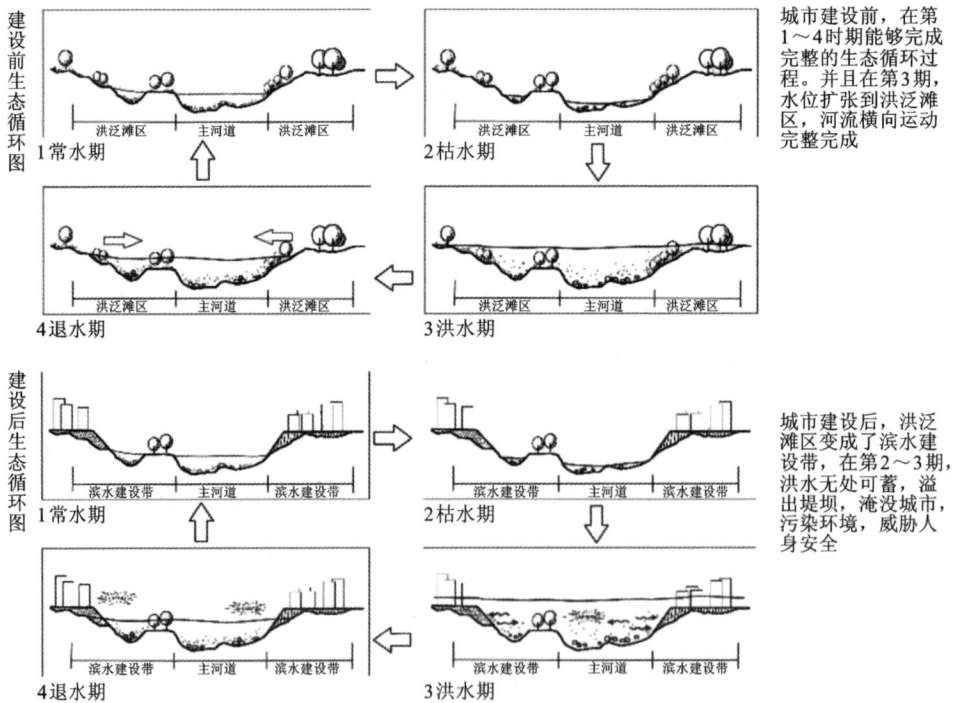

图 2-9 城市建设前后洪泛滩区生态循环对比图

## 2.3.2　城市洪涝风险管理研究

1. 国外洪灾风险管理研究

应用于洪灾风险研究的模型早在英国土木工程师协会研究洪涝灾害及其风险形成原理过程中就被提出来了。此模型主要是通过分析灾害源头(气象条件与水文环境)、灾害发生路径(河湖水系等)、受灾对象(城市社会与自然生态环境)、灾害影响与管理应对之间的逻辑关系,理论上研究分析洪灾风险的形成机制和演化规律。

灾害源头与灾害发生路径是洪灾风险研究模型的基础要点,也是研究洪涝灾害的主要突破口,通常洪涝致灾因素分析研究就集中在灾害源头与灾害发生路径两大板块。在针对灾害源头及其发生路径的研究过程中,导致可能发生洪涝灾害的极端天气等各类因素可以说是灾害源头;洪涝灾害发生过程中城市地表径流或汇流时水体流动的途径即可认为是灾害发生路径。模型中的受灾对象主要是指灾害发生地区的城市社会属性载体与自然属性载体,其在灾害过程中承受着灾害的侵袭、迫害;而洪涝发生后其对受灾对象所造成的损失及潜在伤害即是灾害影响,受灾影响大小具体与各地区发展及防灾工程建设息息相关;而针对洪涝灾害的灾害源头、灾害发生路径以及灾害影响程度进行的城市开发引导与加强城市防灾工程建设即是灾害的管理应对。洪涝灾害风险管理与应对机制包含了洪灾风险区划分析、洪灾风险评估与洪灾风险管理应对,研究洪灾风险管理时应三个板块相辅相成、循序渐进地进行整体分析研究。早期的洪灾风险管理研究是基于风险管理学对洪涝灾害系统的深入解析,所以洪灾风险评价是洪灾管理应对研究的核心,做好洪灾分析评价的前提是分析目标区域洪灾风险。洪灾风险评价分析即是模拟分析出区域内社会属性或自然属性载体对洪涝风险的承受程度,进而进行风险区划与等级划分;针对各自地区的风险等级区划采取或制定相应程度的防灾工程措施或管理应对方案,以避免或减轻灾害影响。物质是运动变化的,洪涝灾害系统也不例外;自然与社会诸多不断变化的不确切因素造成区域系统处于动态变化过程,因此洪灾风险管理也需要时常更新对区域的洪灾风险评价分析来完善灾害管理应对措施，不然既定的应对方案或措施难以缓解或应对未来不断"进化"的洪涝灾害，与时俱进的管理应对才可以确保洪灾风险管理策略的实行、实施见成效。

同时相对近似的研究还有瑞士联邦群众保护办公室在探究洪灾风险管理策略时所提出的综合风险管理循环系统。该系统核心研究思维与上述洪灾风险管理相差无几，其主要还是深化了各个层面的洪灾风险管理体系，基于前人的基础研究构建出了不同层面的洪灾风险管理机制。集中表现在：①基于洪灾风险历史演变，分析持续变化的洪灾风险，为未来区域洪灾管理做好预想应对；②深度结合区域现有防灾工程设施，基于洪灾风险区划分析充分发挥防灾工程效用以减轻灾害影响；③着眼于区域整体规划建设体系，在宏观管控区域未来开发建设政策下设计或制定科学合理的洪灾风险管理应对方案与措施。

洪灾影响的扩大，引起了社会的高度关注。世界性组织 WMO（世界气象组织）和 GWP（全球水资源合作伙伴）也对洪灾管理应对开展了相关研究，最终确定了一套城市洪灾风险管理体系。该体系主要关注区域流域洪水管理规划、雨水管理规划与水资源综合管理规划，其管理体系中高度重视各类水资源的流动、利用及再利用。对各类水资源管理规划理念的深度解析是必不可少的，其中洪水管理规划还需加强河湖沿岸带水文管理，构建区域洪灾风险管理机制（与上述综合风险管理循环系统理论近似），进而多层次管控好区域洪水动态；而雨水管理规划则是要充分运用好水生态循环思维，加强雨水资源的回收再利用功能，最基础的还是要构建区域排水管网系统且确保其可持续性。

2. 国内洪灾风险管理研究

相较于国外，我国洪灾研究基本是在国外洪灾风险分析基础上展开的。早期，学者程晓陶在探究洪灾风险管理时提出：应该从人为社会属性与生态自然属性两个层面来谈洪灾风险管理。社会与自然的结合造就世界的丰富多彩，洪灾也是其中一部分，人们综合自然科学和社会科学相关基础知识与技术，希望从社会、自然、政治、法律等各个层面发展与综合利用来实施洪灾风险管理应对，后续，程晓陶结合我国国情进行深入研究，再次构建了我国洪灾风险管理的风险共享、双向导控、适度设施建设的应对机制。

在亚洲开展的针对中国洪水管理的战略研究会议中,洪灾管理战略框架被提出来了。此框架是在风险三角概念基础上形成的,其认为洪灾管理主要包括区域体制规划设计及基础、洪灾风险管理、受灾对象等多项核心要素,甚至探讨分析了各项内容间的相互关联度以及各自在整体管理过程中的作用或位置;此类洪灾风险管理即要关注社会与自然的各个层面,以各层面的同步管理措施与协调平衡机制来确保洪灾风险管理应对的实际实施效用。此外,我国多洪灾发生地区的政府行政或法律规划管理机构基本还是遵循传统管理手段,与当下区域洪涝灾害管理极度不匹配,导致洪灾管理应对实际效用低下。洪灾风险管理战略的实施应该是自上而下,只有政府管控工作到位,才能协调好各领域之间的矛盾冲突,明确各部门或机构的职责与协调机制。

万庆等人致力于国内洪灾风险研究工作,构建了我国洪灾风险管理的基本框架。框架的核心突破点还是我国各区域的洪灾风险评价分析,其研究思维与外国的综合风险管理循环系统类似。金菊良等人则是着眼于我国洪涝灾害的形成原理,分析灾害风险过程,确立了一套洪涝灾害风险管理理论框架。该框架的洪涝灾害风险分析与管理应对与外国的风险管理系统比较相近,不同的是注重了区域洪涝灾害脆弱性分析。洪涝灾害脆弱性分析主要是对我国各地区进行洪灾风险识别与风险评价,确定各地区洪涝灾害的承受能力与受灾影响程度。依据各地区的洪涝灾害脆弱性程度可采取或制定相应等级的风险管理应对方案。

综上,可以发现上述相关研究还有些许不足之处,如侧重研究洪水灾害危险管理,缺少对城市洪涝灾害分区分级划分,城市功能区边界不清晰,洪水淹没区范围精度不够;另外,主要是从正面洪涝灾害风险着手研究,没有注重侧面研究分析城市自身生态脆弱性导致的区域防灾应灾能力低下。

### 2.3.3　城市洪涝治理方法研究

#### 1.技术分析方法研究

城市暴雨内涝灾害是城市发展中遇到的主要气象灾害之一,随着城市的发展和现代化的不断推进,对城市预防洪涝灾害的研究愈加迫切。目前我国已形成了针对洪涝治理的城市水文监测、洪涝评价与洪涝灾害预警等技术手段。这些技术可实现连续不间断的动态监测，应用过程中不受恶劣天气、灾害及地域等条件限制，为城市防洪减灾提供了重要的技术支持。

城市水文监测是城市水文工作的基础，正确的水文监测方式，完善的水文资料，对城市社会经济发展具有重要意义。其中城市洪涝监控有助于及时对城市洪涝灾害预防作出反应和剖析城市洪涝灾害发生的深层次原因。在现有的监测中，根据测量位置的不同可以分为城市积水点监测、城区河道监测、城区排水管道监测、排水沟渠监测、排水泵站监测。根据监测内容的不同可分为城市降雨监测、城市管网流量监测、气象监测。城市洪涝监测能够对城市现有的排水设施进行量的估算，弥补城市中排涝设施的不足，增强城市的排水能力，从而减少城市洪涝灾害的发生。

洪涝评价技术是收集遥感技术提供的数据资料并对其进行分析，从而对洪涝灾害评估体系的脆弱性、风险性和危害性进行评价。洪涝评价技术主要用来预测承灾体、淹没历时、受淹范围等内容，在更精确数字高程资料和高精细计算工具下，洪涝评价技术也可用于水深的监测，以及通过描述承灾体在特定的水流速度、淹没历时和水深情况下的损失率来确定受灾过程中的脆弱环节并准确计算洪涝灾害损失。基于洪涝评价技术评价结果，可以有效地调整防洪策略，并极大地预防洪涝灾害和减少灾害损失。

洪涝灾害预警是指在洪涝灾害的危险性评估结果的基础之上，根据危险区的人口分布、当地的社会经济条件和交通设施等基础数据，利用 Arcgis 等空间分析软件，以地图或统计图表等形式对可能发生的洪涝灾害进行预警与预测，并警示社会各界以最大限度减少损失，是相关部门采取防灾减灾措施的重要依据。目前预警机制主要包含：洪涝灾害预案编制，各级政府按照预案要求应对突发性的洪涝事件；保障体系建设，在公园、学校操场、市中心广场等开敞空间设置应急避难场所，组建洪灾应急指挥部加强对洪灾事件的组织领导等。面对灾难最有效的方法是未雨绸缪，灾前预警能够充分减少洪涝后的经济损失与救援人员的损失，维持社会公共稳定，促进城市健康可持续发展。

### 2. 工程治理方法研究

为了促进河网地区城市积水内涝问题的解决,大部分河网地区城市的工程治理措施都是在城市雨洪管理体系的建设上,不断地对城市防洪设施等措施进行完善,加快城市雨污分流管网改造等,促进城市排水防涝能力的全面提高,促进防洪减灾能力的全面提升。

国外在这一体系建设上起步较早,目前已经达到较为完善的水平,例如英国在城市中建设可持续排水系统,美国和新西兰等则对城市进行低影响开发,同时注重采取最佳的管理实践,尽可能地减少城市内的积水洪涝问题;我国对这些进行借鉴,并以中国实际情况为出发点,采取相应的工程措施对城市洪涝问题进行治理,利用城市海绵的景观滞留和净化雨水作用,构建城市雨洪公园辅助城市雨洪水管理;通过堤坝和滞洪区的修建,增强对外洪威胁城市安全的抵御能力;构建大小排水系统结合的韧性排水设施,把排水系统重现期内暴雨径流(国外称为小排水系统)设计排除;提高建设用地场地竖向减缓内涝威胁。通过加强建设基础设施,构建相应工程治理措施,从而使城市"逢雨必涝"现状得到缓解,促进城市生态环境改善,提高城市防洪排涝减灾能力。

## 2.4 河网地区城市洪涝灾害治理趋势与技术突破

### 2.4.1 河网地区城市洪涝灾害治理困境与突破

近年来,河网地区的城市洪涝灾害防御治理,加强监测预报等工作上成果显著。纵观河网地区现有水利工程概况,大多数地区较完善的防洪和排涝工程体系已经基本形成,在近几年的防汛、抗洪减灾工作中,其发挥出的作用也是有目共睹的,但还存在城市洪涝淹没预测与模拟技术不足以及城市基础设施建设不足等问题。随着暴雨天气等极端天气逐渐频繁,城市的暴雨洪涝灾害风险陡增。在短期内,城市的排水设施很难发生质的提升,城市洪涝灾害的分析预警就会显得更为重要。但是，由于洪涝灾害具有时空上的复杂性且洪涝研究的各项基础资料薄弱，目前我国的洪涝灾害分析预警系统还处在初步阶段，并没有一种完整的雨洪评估方法能够被普遍采用和推广，甚至有许多城市根本没有城市洪涝分析预警系统，同时现有洪涝分析预警模型还存在数据误差积累、地理信息数据以及排水管网数据整合等多方面的缺陷和不足。

城市洪涝灾害模拟指基于水力学和水文学的知识，通过向模型输入地形、降雨、土地覆盖等数据进行计算，生成洪水的淹没范围、深度及流速等的模拟方法，是研究城市环境下与水有关的各种科学问题的重要手段。作为一种典型的灾前评估分析方法，城市洪涝灾害模拟可以发布洪水预警以减轻洪水灾害损失，同时可以用来评估城市洪水高风险区域，对排水设施、城市用地规划等改造提供决策支持。但城市洪涝灾害模拟涉及的影响因子较多，具有诸多的模糊性和不确定性。在全球定位系统(GPS)、遥感技术(RS)、地理信息系统(GIS)支持下，数学模型与地理信息技术结合，可以对雨洪灾害的评估做到实时监测和实时评估。数学模型与地理信息技术结合的洪涝模拟与预警分析如图2-13所示。相较传统的技术分析方法，数学模型与地理信息技术结合具有更精准、更综合、更快捷等优点，

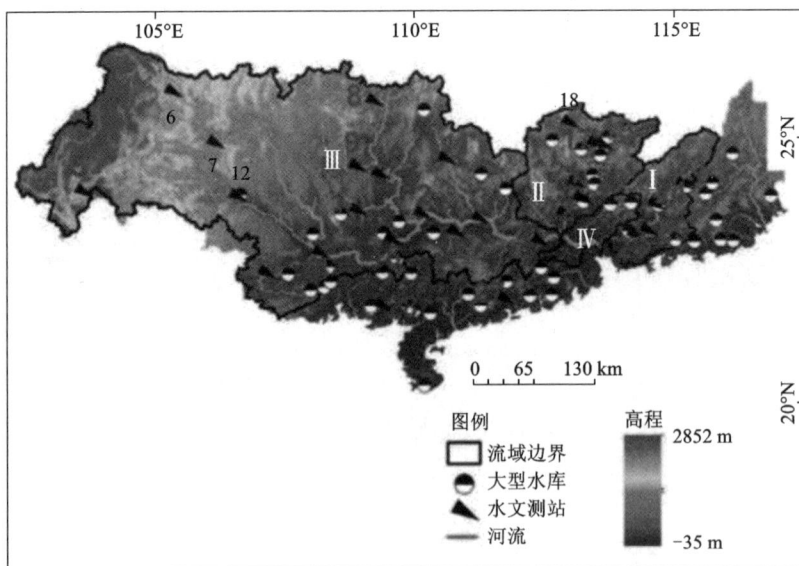

图2-13　数学模型与地理信息技术结合的洪涝模拟与预警分析图

可以提供更加详细的洪涝灾害模拟结果，如洪水淹没范围、积水深度和洪涝积涝预测等，对防灾减灾工作有着极大的价值，在洪涝灾害的预防与治理工作中逐渐受到重视，成为河网地区城市洪涝灾害治理的必要分析技术与方法，是目前河网地区城市洪涝灾害治理的发展趋势。

## 2.4.2　数字模拟技术下的城市洪涝灾害预警与治理

1. 流域洪水模拟预警研究与相关应用

当前，我国的水利部门主要使用水文方法实时预测洪水，并且还根据洪水持续时间、暴雨强度等来预测可能发生的洪水面积。主要的预测过程是使用水文模型对地表合并建模以预测洪水。所以，水文模型的创建是水文过程研究的重要工具，是洪水预报中的关键步骤，是预测自然灾害的前景要素。流域水文模型的研究基于数学模型，该模型计算了降雨落到地表的所有自然运动的过程。结合计算机强大的计算能力和模拟数据能力，实时预测沉积物汇集运动的能力，以及图像的多维可视化的能力，水文模型不断得到发展和完善。在同一时期，世界各国还在不同地区，在暴雨的各种情况下对水文模型进行了广泛的研究，相继研究了可能有用的水文模型，并在一些重要的研究领域进行了区域实践测试。

从 20 世纪 90 年代初到现在，流域水文模型被认为是现代阶段水文模型转换的阶段。水文模型转换得益于当下社会数字信息技术的快速发展，模型所需区域地表数据信息获取和描绘技术得到了进一步完善，这在一定程度上完善了分布式水文模型。在此期间，分布式水文模型的一个重要特征是与数字高程模拟（DEM）相结合。数字水文模型是当下信息数字时代的融合物，其是以数字技术联结 DEM 信息数据为基础开发出的分布式水文模型。当前，国外最常见的水文模型包括 SWAT（soil and water assessment tool）模型。分布式水文模型相对于通用集总式模型具有明显的优势：一是分散处理和产出；二是有更明确的物理机制；三是计算结果精度高；四是可以应用于历史数据稀缺的地区。我国的分布式模型起步较晚，一些学者直到 20 世纪 90 年代才进行探索性研究。1997 年，流域 3D 动态水文模型被黄平和赵继国等成功研发出来。任立良和刘新仁等基于 DEM，在合并后的子流域区域划分单元，生成河网，对河网和子流域进行编码，并在河网结构中建立拓扑关系。李兰等提出并构建了分布式水文物理模型，包括径流产量模型、汇流模型、单宽度入流和上游入流反演模型、河流洪水演变四个主要部分；在此基础上，郭胜联等设想且完善了基于 DEM 的分散流域水文物理模型和基于 GIS 的分布式月水量平衡模型。2007 年，李致家等人建立了一个新的基于新安江水文模型，并将其用于钱塘江水道流域的洪水模拟。物理水文模型基于流量连续性和动量方程式，使用应用更广泛的 SHE（system hydrological european）模型计算水池中流量的时空变化。用数字高程模型或地表数字模型提取河湖系统，并按照分布式径流模型，进一步得到一个流域的子流域的水流量。汇总池中所有子流域中的水流量，可以计算流域中的总水流量，这比任何其他评估方法都更加科学和客观。

2. 城市洪水模拟预警研究与相关应用

城市洪涝是一种严重的自然现象，已引起国内外研究机构和科学家的关注。其核心关注点是分析城市化对城市土地使用和覆被特性的内部反应，对当地城市水文特征的影响以及对城市表面降雨和污水性质的影响。针对这种现象，一些发达国家的科学家进行了长期而深入的研究，总结了研究城市流域汇流过程的机制。从 20 世纪 60 年代初开始，国外相关学者研究了一系列用于模拟城市洪涝的水文模型。自 20 世纪 70 年代初以来，随着计算机和信息技术的发展，许多具有相似目标的城市洪涝模型得到了发展和改进。水文分析模型基本上囊括了暴雨洪水管理模型（SWMM）、蓄水处理和溢流模型（STORM）、沃林福特模型等。这些水文模型可以根据我们的各种实际要求准确模拟城市中水系及其污染的过程。

城市洪涝模型通常有两种类型：一种是基于水文学理论，另一种是基于水动力学理论。城市水文洪涝模型具有相当发达的基础理论和广泛的应用区域，计算方便快捷，建模简单等特征，这就是它在科学家和参与者中非常受欢迎的原因。同时，国外大多数洪涝模拟模型都是基于水文基础的，具有悠久的历史和较好的发展，例如暴雨洪水管理模型、蓄水处理和溢流模型等。这些水文模型具有广泛的应用。当前，主要应用包括城市水位下降的模拟计算、城市地下排水网络的设计、模拟洪涝模型的预警和预测等。SWMM 模型是国内外代表性的水文模型。城市排水系统对水文和水文系统的要求可以概括为三种类型，即管道、节点和集水区。使用非线性水库模型对地表径流进行建模，使用一维圣维南方程组模拟深度管网输运过程，并使用累积–侵蚀模型对表面污染进行建模。它可用于规划、分析程序和评估市区污水、组合管网、下水道和其他排水系统的废水处理程序。我国城市深受洪涝淹没灾害，但研究起步相对较晚，从 2006 年开始，研究机构或部分学者对城市洪涝淹没的研究进入了迅速发展阶段。2008 年清华大学规划院基于 SWMM 提出了数字水文模型，为城市提供了一套排水系统模拟集处理数据与网络解决方案。2008 年，李树平教授在同济大学初步着手探究了 SWMM 的本地化使用。自 2010 年以来，中国的许多大城市(如北京、天津、武汉、广州等)已开始研究城市洪涝。2002 年，中国水利水电科学研究院灾害与环境研究中心的李娜等人在天津进行了一项研究，开展了针对天津的洪涝情况调查与模拟分析。2009年，基于东莞市某社区，中山大学李明基于 SWMM 研究了城市暴雨洪涝问题。以 2011 年上海浦东新区为例，上海师范大学张华等人研究了陆上城市的土地和洪涝脆弱性评估。

综上，上述相关研究还有几点不足之处：①研究没有针对各类型区域进行不同尺度的深入研究，可能受制于地区基础条件或信息数据的获取；②洪灾风险模拟研究以及地区实践(试验)研究缺少对城市全局的把控，同时也很少选取城中村等城市中有待升值空间地区作为研究对象进行研究分析；③研究未注重研究区域或当地的城市规划系统，洪涝灾害管理与当地各类相关规划系统协调度低。

# 第3章

▼

# 河网地区城市洪涝淹没模拟与技术分析

我国是一个遭受自然灾害困扰的国家,自然灾害一直对国家安全与社会稳定以及人民生活的发展构成严重威胁。在过去的十年中,自然资源的利用一直在不断扩大,而城乡经济发展和建筑业也获得了高增长率,洪涝的频率和造成的城市损失也随着增加。鉴于遥感技术的特殊优势,不少学者对洪涝淹没地区的遥感监测与采集方法进行了长期的探索研究,为后来各地区的洪灾及风险评价奠定了一定的基础。洪涝受灾严重的城市(如河网地区城市)或地区,如果可以提前获取洪涝淹没的区域范围,便能提前转移可能受灾地区的居民与财产,在很大程度上缩减城市或地区的灾害损失,减轻灾害影响。本章首先阐述分析基于遥感监测的洪涝水体获取方法,重点是要先确定好遥感监测数据源分析;接着介绍洪灾淹没风险模拟演进模型,分别说明基于地理信息技术(GIS)和水动力学模型的洪涝模拟演进模型;最后分别进行了洪灾灾前和灾中的洪灾损失评价与预测,回归验证分析了基于 GIS 网格建立的洪涝淹没模拟分析模型。

## 3.1 河网地区洪涝水体遥感监测

遥感技术相较于其他技术手段,具有数据采集高效、迅捷,动态性能强,观察范围和信息获取广泛性等特点,当下社会更多地选择了应用遥感技术。对区域自然灾害的监测与评价，具有明显发展优势的就是遥感技术，其在监测洪水和评估影响方面具有相当不错的潜力，并且可以很好地展现诸如快速、有效和全球监测的特点。洪涝灾害通常被认为是突发事件，需要及时、准确和可靠地收集和反馈与洪水有关的信息，以便对洪水进行早期预测和预警，以减少自然灾害且加快恢复。然而，传统的人工方法在灾害过程中信息收集效率很难及时应用到实时的防灾工程中去。遥感技术的数据源来自遥感平台，遥感平台具有洪涝灾害监控功能，有多种类型但优劣不一。雷达遥感是全天候、全天时的数据采集，能一定程度地穿透某些地面物体，是洪涝灾害遥感监测的首选。洪灾期间，气候条件恶劣，云层会一定程度遮挡卫星监测，要想获取更加准确有效的有关地面洪涝灾害淹没情况的信息数据，就得有能够穿透云层的技术，而这种技术就是雷达遥感技术。当下，雷达遥感数据应用于大部分的洪涝灾害远程数据监控，包括星载合成孔径雷达 SAR（Radarsat，ERS-1/2 等）和机载合成孔径雷达 SAR。然而，并不是说只有雷达遥感技术适用于洪涝灾害远程数据监控，气象卫星和陆地卫星等其他卫星传感器也可以作为远程监测洪涝灾害的数据源，只是不同类别的卫星监测存在各自不同的特性。

## 3.1.1　遥感数据源分析

在洪灾动态监测分析过程中，洪涝监测遥感数据的获取是至关重要的，而对监测区域实时有效的全方位监控，甚至对地表区域内各类型用地及防灾工程布局也做到相应的监测，保证了可以获取不同类型的数据源。具体观测指标如表 3-1 所示。各种类型的卫星传感器由于位置、构造、监测技术等有所差异，导致其洪涝监测能力也存在一定区别：空间分辨率相对小的气象卫星可以监视洪涝的发生及发展情况，而空间分辨率相对大的资源卫星与雷达卫星可以进一步识别洪涝淹没区域与受灾情况。

表3-1 洪涝水体遥感监测适宜性分析

| 观测指标 | NOAA | Landsat TM | SPOT | ERS1/2 | JERS-1 | Radarsat | 机载SAR |
|---|---|---|---|---|---|---|---|
| 观察周期/d | 0.5 | 16 | 26 | | 44 | 3~4 | 准实时 |
| 空间分辨率/m | 1100 | 30 | 20 | 30 | 18 | 8.5~100 | 3~6 |
| 成像宽度/km | | 185 | 60 | 80 | 75 | 50~500 | |
| 全天候能力 | × | × | × | √√ | √√ | √√ | √√ |
| 淹没范围 | √√ | √√ | √√ | √√ | √√ | √√ | √√ |
| 淹没水深 | × | × | × | × | × | × | × |
| 淹没历时 | √ | × | × | × | × | √ | √ |
| 受淹区本底 | × | √√ | √√ | √ | √ | √ | × |
| 工情监测 | × | √ | √ | √ | √ | √ | √ |

注：√√表示特别适用；√表示一般性适用；×表示不适用。

## 3.1.2 可见光/近红外遥感监测

1. 气象卫星影像支持下的洪涝水体获取

国内外早已在大量的研究和应用中运用气象卫星监测洪涝动态情况。基于三通道彩色合成图像的视觉解译技术，1987年曹述互等分析研究了洪涝动态变化；基于二通道图像技术，1989年赁常泰等成功获取了洪涝灾害数据信息；基于二通道与一通道之比值图像，1987年肖乾广等检测水体，1989年Barton等运用通道提取亮度去获取水域、实时对洪水进行监测。1995年周成虎等基于洪涝灾害光谱模型自动获取洪涝淹没区域。尽管气象卫星无法穿透云层，但是两颗美国国家海洋和大气管理局实用气象观测卫星可以在每日进行不同时段的区域监测来确保对同一地表区域的全面监测。如果还是难以达到预期效果，则可以进行红外热通道监控洪涝动态情况。鉴于NOAA气象卫星的高分辨率和成像范围大，其逐步发展为地表洪涝动态活动监控的关键工具或数据源。

2. 陆地卫星主题成像仪(TM)影像支持下的洪涝水体获取

TM图像的空间分辨率大且是多波段成像的，能够包含有关地下水状态与植被生长的丰富信息，波段 1 和 2 对水具有一定的渗透性，这有益于检测水体深度并区分浑水（洪水）和清水（自然水体）；其中对水域与陆地边界敏感的是红外的第 5 和第 7 波段。因此 TM 图像技术在洪涝监控中特别有效。基于 TM 分析法，1993 年戴昌达等对 1991 年安徽楚河和水阳江流域展开了洪涝灾害情况的评价。1993 年基于 TM 分析法，周成虎等分析计算了 1991 年太湖流域地区特大洪灾带来的区域经济危害。然而，雨季里没有获取高清有效的图像，主要是因为资源卫星轨道循环周期长，很难掌握洪水的动态变化，以及 TM 图像没有微波通道，无法穿透云层和雨水进行监测。相较于 TM 影像的优势，其局限性也很明显，如其无法实时监控地表洪涝动态信息，但这也不是说其就失去了监测洪涝的效用；在洪灾泛滥地区，TM 图像能够为地区的基础洪涝灾害情况背景数据库的建立发挥至关重要的作用。

### 3.1.3　雷达遥感监测

雷达的发明距今已逾百年，它就像犀利的"天眼"密切地注视着周围的各个区域。雷达遥感与可见光/红外遥感相比，具有采集全天候、全天时的数据与穿透某些地面物体的能力，因此逐步成为洪灾监测的高效遥感技术之一。单个雷达卫星难以进行全方位监测，而几个轨道空间的雷达便可以实现对同一地表区域的不间断地监控，这主要依赖于不同卫星在时空位置上的互相补充，从而完善了监测数据信息。在特殊情况下，可以使用灵活的移动式机载雷达系统进行快速监视，这确保了雷达监测洪灾在技术层面上的可行性和高效性。目前雷达遥感已运用于全国土地资源的概查和详查、全国农作物的长势及其产量监测、灾害监测和环境监测等方面。

1. 基于星载雷达遥感的洪涝淹没水域提取

星载雷达就是装在卫星上的天基雷达，其通信、引导与控制系统也安装在卫星上，现有主要星载 SAR 参数如表 3-2 所示。由于卫星具有高空优势，星载雷达所覆盖的范围增大，一般而言通过多颗卫星联合就能实现全球范围的覆盖，但地面雷达在监测时由于视野受到地平线限制，一般只在一定范围内观测。机载雷达的观测范围一般为数百千米，而星载雷达观测范围较大，可达到数千千米。星载雷达一般采用机械方位扫描和仰角相位控制扫描。由于在卫星的观测下高度过大且受到大气层折射线杂波的影响，往往会在卫星下形成一个难以探测到的"天底洞"，所以通常要用多个卫星组成阵列，构成互相填补"天底洞"、覆盖全球的雷达网。

表3-2 主要星载SAR参数

| 卫星 | 发射年份 | 工作波数 | 极化方式 | 入射角/(°) | 中间分辨率/m | 成像范围/km |
|------|----------|----------|----------|------------|--------------|-------------|
| Sea Sat 1 | 1978 | 1.275(L) | HH | 20 | 25 | |
| Cosmos-1810 | 1987 | 3.0 | HH | 20~40 | 40 | |
| ERS-1 | 1991 | 5.3(C) | VV | 23 | 25 | 100 |
| JERS-1 | 1992 | 1.275(L) | HH | 35 | 18 | 75 |
| Radarsat | 1995 | 5.3(C) | VV | 20 | 10~100 | 45~500 |
| ERS-2 | 1996 | 5.3(C) | VV | 23 | <33 | 100 |

许多成功的案例都是通过卫星雷达遥感数据来监测洪水。根据Radarsat的数据，加拿大已成功实行了对圣劳伦斯河流域的洪涝情况监测。我国还于1998年使用JERS-1，ERS-1/2与Radarsat对长江流域和嫩江流域的洪涝灾害实现了监测，遥感监测和评估在随后一段时间内也起到了非常大的作用。尽管星载SAR在洪涝监控中非常有效，但其可视化技术与光学遥测感知存在差异，因此，在图像处理和访问主题信息方面仍存在许多问题。关于洪灾监控，它包含以下多个层面。

(1)影像预处理。

雷达图像更细致地反射了地面物体的纹理且能表现出更多层次，但是一些雷达信号干扰了解译，这就是物理干扰。雷达图像区别于光谱图像，直观表现在于雷达图像并没有颜色的划分。所以，选择合适的技术手段对雷达影像进行预处理是很有必要的，比如参考斑点变化进行相关检测等。目前常用的图像处理系统有

ERDASI（erdas imagine）、PCI（peripheral component interconnect）、ENVI（environment for visualizing images）等。影像处理先要进行数据融合，在数据融合前要保证原始影像数据是多光谱的和全色影像。其次进行影像调色，统一各景融合后的原始影像色调，还原地物真实色彩。

（2）消减地形阴影影响。

遥感信息本身就是信息的一种形式。信息承载了能量和物质的变化，具有知识的特性，是其他各项活动的基础。地表区域有着各自不同的地形地貌特征，地形阴影伴随着地形而存在，这会造成检测获取的图像失真，后续的几何校正也难以达到预期效果。例如，就光谱特征来说，高山地形阴影和水域很近似，导致图像上水体自动识别及获取难度增加，甚至影响检测数据的准确性，增大后期研究分析误差。尤其在地形起伏较大的地区获取的遥感影像差异较大，地形阴影较为明显。为此，对多光谱图像做波段比值处理，消除或减弱地形阴影对各项数据的影响，提高遥感影像的精度和识别能力，并对处理之后的影响进行质量评价，选出最佳的处理方法。就目前而言，消除或减弱地形因素影响的主要方式有朗伯体模型法、光谱波段比值法、非朗伯体模型法。

（3）智能化的水体数据信息获取。

雷达图像要获得较高精度的话，需要对监测获取的数据图像进行诸如纹理提取等特殊处理，而此类技术尚不成熟，智能化的水体数据信息获取目前还缺乏直接的技术支持，现阶段只能通过一些特殊处理来获取研究分析所需的数据信息。目前常用于 SAR 图像水体信息提取的方法是基于阈值的分割方法，其中灰度图像的自动阈值分割（Otsu）阈值法最为常见。该方法具有简单、快速的优点，但对于复杂的影像，纯粹的单阈值法提取效果并不好。监督分类方法是另一种提取 SAR 图像水体信息的方法，但该方法需要手动选择训练样本，比较复杂，且提取精度与训练样本和分类算法密切相关。

2. 基于机载雷达的洪灾信息数据获取

机载雷达是指安装在飞机上的各种雷达形式。20 世纪 30 年代末期，世界上第一部机载雷达由英国科学家 E. G. Bowen 等的研究小组研制成功，其主要目的是用于作战。随着应用技术的发展，机载雷达广泛运用于图像获取、数据监测等多个领域，是目前获取信息数据较为准确具体的技术手段。我国的机载雷达图像是由水利部遥感中心和国家遥感中心的航空遥感监测单元采集的，采用的是进口的机载侧视合成孔径雷达系统。获取的图像能够明确显示出陆地边界，从而查明洪泛区。但是，机载雷达很费时费力，影响机载雷达的因素一般为平台位置与运动状态的变化，例如航速、俯仰、翻滚、偏航，或因地形起伏产生像点位移。由于其图像获取成本高，且直接获取的图像无法直接运用，还需要进一步的人工处理，因此一般不用于监测洪涝灾害动态。

由于洪灾带有很大的随机性，每次灾害涉及的范围和受灾的程度都不相同，评估洪灾及其损失影响的重要基础是基于遥感监测的洪涝数据信息。基于水深分布的分析和计算模型能够进一步确定淹没区域内的水深分布，得到确切的水深分布数据信息，可为之后的洪涝灾害损失评估提供基础支持。

## 3.2 基于 GIS 与水动力学模型的洪水模拟演进

目前存在较多的、成熟的基于水动力学的洪水模拟演进模型，能够预测洪涝的范围。近年来，关于洪涝灾害的风险研究侧重于洪涝风险模拟分析模型研究，研究过程中要不断构建数字模型，这是由于现代地理信息等数字信息技术的飞速发展与革新，从而使得模型模拟分析洪涝灾害问题更加科学有效。

### 3.2.1 二维洪水模拟模型

描述水流运动的水流连续性方程(3-1)、水流沿 $X$ 轴方向运动的动量方程(3-2)、水流沿 $Y$ 轴方向运动的动量方程(3-3)共同构成一个二维非恒定流方程。

$$\frac{\partial z}{\partial t} + \frac{\partial (uh)}{\partial x} + \frac{\partial (vh)}{\partial y} = 0 \qquad (3-1)$$

$$\frac{\partial u}{\partial t} + u\frac{\partial u}{\partial x} + v\frac{\partial u}{\partial y} + g\frac{\partial z}{\partial x} + g\frac{n^2 u\sqrt{u^2+v^2}}{h^{4/3}} = 0 \qquad (3-2)$$

$$\frac{\partial v}{\partial t} + u\frac{\partial v}{\partial x} + v\frac{\partial v}{\partial y} + g\frac{\partial z}{\partial y} + g\frac{n^2 v\sqrt{u^2+v^2}}{h^{4/3}} = 0 \qquad (3-3)$$

式中：$t$ 为时间，s；$x$、$y$ 为直角坐标系的横、纵坐标，m；$u$、$v$ 分别为 $x$、$y$ 方向的流速分量，m/s；$z$、$h$ 分别为 $(x,y)$ 处的水位、水深，m；$g\dfrac{n^2 u\sqrt{u^2+v^2}}{h^{4/3}}$、

$g\dfrac{n^2 v\sqrt{u^2+v^2}}{h^{4/3}}$ 分别为 $x$、$y$ 方向的水流运动阻力，其中 $n$ 为曼宁系数。

## 3.2.2　GIS 支持下的二维洪水模拟模型建模过程

1. 确定模型的计算域

可以通过现有的边界数据文件或背景图来确定计算域。计算区域就是某边界线所围合的区域。通常边界线都是选用目标区域比历史洪水位高一点的地区等高线。当选取边界线参考时，若选定的边界线无法保持连续性，则需要另外选择其他线性元素(例如海岸线、湖岸线、沿海道路等)。选取的线性元素所围合的多边形即为要获得的对象区域。应确定目标对象区域边界所要获取的相应源数据，其数据格式应为(AUTOCAD)DXF/ARC/INFO 或 GIS 可用的通用数据交换格式。

2. 生成模型的计算网格

水文模型通常采用数值方法，例如有限差分法和有限元法，采用这些方法研究时必须基于区域网格分布情况。模型网格因其形态的差异可分为规则与不规则网格。自动生成规则网格很容易，通常在水文学中手动生成不规则网格。假设水文模型中使用的计算网格与 GIS 中的不规则三角形网格相似，则可以在创建的GIS 网格中使用自动生成算法自动生成计算网格，以自动生成计算网格、自动建模进行洪涝模拟分析。用于自动生成不规则三角形网格有 4 种基本算法，即四叉树布点法、Delaunay 联网法、阵面推进法和坐标转换法。四叉树-Delaunay 网格生成算法是一种改进的网格生成算法，其是由四叉树布点法和 Delaunay 联网法综合而来的。其关键是，GIS 的空间拓扑叠叉技术可以为构建具有统一属性的计算单元提供一定的支持。在水动力学模型中，通过为不一样的输出目的选择不同的专

题元素，就能自动生成计算网格作为中间结果，然后可以借助 GIS 平台工具对网格进行编辑，赋予网格信息属性。相较于手动方法，此种方法生成模型网格的速度快得多，并且更加准确。

3.建立计算网格拓扑

不规则的模型网格内部缺少一定的关联度，针对此类情况需要在网格与边缘之间、网格与节点之间以及边缘与节点之间建立连接，以便于计算出网格中水量的变化以及网格边缘处的各种物理流量。GIS 的数据处理和空间分析必须清楚地定义不同空间信息之间的拓扑联系，根据拓扑联系可以确定一个地理对象相对于另一个地理对象的空间位置，而无须使用坐标或距离等信息。拓扑数据结构比几何数据更稳定，其不随图像投影而发生变化。

水文学家可能不了解不规则多边形的拓扑联系，但是在 GIS 平台，自动多边形生成拓扑算法较为成熟。例如，其包含了左/右转拓扑关系。

4.获取与设置模型参数

通常我们运用 GIS 空间分析功能来设置或调整参数，如此得到的大多数参数（高度、建筑格局等）可直接应用于数字模型分析，且可以存储模板以便于后面预设使用。同时，可以使用 GIS 可视化编辑工具来设置和修改与应急控制相关的参数，如裂缝的位置、桥涵、路堤、地形高程、河流水位、暴雨和涝灾等。各种参数设置不是一成不变的，需要依据地区环境来更新调整，即使在实际模拟过程中也可以进行参数调整。

计算网格元素的高程时，可以使用网格区域中各向等高线上的计算数据和正确的插值方法来计算高网格长度的值。该方法可用于计算网格中心或网格节点的网格值，而各单元网格水量变化值和此值的关系密切。然而网格并不是每点都有其对应的高程，为了使模型计算简单，一般是将网格周围的平均高程作为网格中心的高程值。一旦出现某个区域的单元网格没有高程信息时，那么它将从外围网格接收平均高程值。实际上不同区域有着自身的曼宁系数，该系数主要参照区域内的土地利用类型分布情况。模型计算单元网格也是如此。参考监测的底层表面数据信息条件，通过区域插值法将相应的曼宁系数分配给相应的计算单元。区域插值法是指基于一个组成区域的已知数据，推导出相邻区域未知数据的内插方法。区域插值法可分为叠加法和比重法(陆守一等, 1998)两类。曼宁系数也可以在 GIS 对应的编辑工具中输入或修改。

模型网格中各单元内的建筑面积主要是依靠单元内街区分布情况来计算的, 而街区分布情况则是根据地区实际的建筑物密度来确定的, 实际分析处理时还需要借助 GIS 的空间叠加分析功能。同时, 建筑物密度也可以在 GIS 对应的编辑工具中输入或修改。

5. 确定模拟的初始条件与边界条件

(1)初始条件。

赋予每个单元一个初始状态是进行模型网格模拟分析的第一步, 即明确好各单元在水平和竖直方向的水体流速、水面高度的初始值。初始状态也要参考地区实际监测数据信息, 视具体情况进行人为调控, 借助 GIS 的空间计算功能来实行各单元网格的初始状态确定。

(2)边界条件。

边界空间位置是确定初始边界条件的前提, 不然无法明确研究区域的边界条件。对洪涝灾害泛滥地区, 有必要在洪涝发生过程中定义两个以上的点和相关过程文档, 以保证输入或输出站点及其水文过程线的空间坐标正确。边界类型有堰类型、闸门类型、裂隙类型、入流类型、水源类型、道路类型、堤防类型、降水类型等。要建立边界线条件。可以采用 GIS 工具来选择或构建边界线条件, 如溃口、线性蓄水结构(如高速公路、铁路或紧急施工的临时土堤等)、点状排水及排水设施(如给/排水泵站、闸门或涵洞等)、堤坝以及其他与空间相关的要素。

## 3.2.3　洪涝模拟演进与结果表现

可以通过上述二维洪涝模拟模型来模拟整个洪涝的发展和演变过程。良好的建模和操作环境可以借助于 GIS 空间演示分析, 从而确保模拟可视化计算的可行性, 并有助于在结果分析过程中交互式地修整模型参数。同时, 在模型操作过程中, 运用 GIS 平台还可以对洪涝敏感地区的洪水演变过程进行直观的动态模拟, 显示出目标区域内最大水深、最高水位及流速, 还有不同时期淹没区的分级分区。

借助 GIS 平台的洪涝淹没模型的模拟可容易地查找或获得洪水特征参数, 如深度、持续时间和流量等参数。另外, 关于洪水特征的空间分布的数据也可提供给洪涝损失评估模型。洪涝损失评估模型也基于同样集成的 GIS, 可以获取明确的相关水文数据信息, 便于灾害损失评估。相较于以前传统的洪涝演进模型分析输出的成果, 此类输出成果获取更加高效、简易, 对于洪灾评价更具有时效性。

## 3.3 基于 GIS 网格模型的洪水淹没分析方法

20 世纪末以来, 将 GIS 平台作为洪涝研究的有效方法是受欢迎的研究课题, 如复杂地形洪水淹没面积计算方法课题、在 GIS 技术支持下洪水淹没范围模拟课题等。本书基于数字高程模型(DEM)、地形和不规则三角形网格模型(TNI), 并结合了任意多边形网格模型, 尝试将 3D 地形(更真实地反映地势元素和 GIS 空间矢量的分析功能)应用于确定洪涝淹没区域的模拟研究。本书使用平面模拟图来分析洪涝规模。本书中的水平面分析模型可以为洪水带提供更准确和科学的定义, 以便对洪水影响进行直接有效的评估, 并为此后的洪灾风险图制作及洪涝淹没损失评估提供一定的基础支撑。

### 3.3.1 洪涝淹没分析方法集成及其特征

洪涝致灾因素主要是灾害源头与灾害发生路径。一般地区受灾情况不同是由于灾害发生路径有着各自的地理环境特征。某些特殊地区的洪泛区分为两种类型: 一为漫堤式淹没, 是由于河系中的水位太高且高于大坝等的水位, 使洪水离开大坝的上部并流入洪泛区; 二为决堤式淹没, 是防洪堤坝溃败, 水流从溃口汇入洪泛区。洪涝淹没是一个非静态且不断演变的过程, 具有漫堤式淹没与决堤式淹没这两种类型。

洪涝淹没分析可概括为两种情况。第一种情况是在一定洪水位下的淹没区域和水深，这更符合漫堤式淹没类型。第二种情况是由一定量的洪量引起的洪水淹没与水深，这更符合决堤式淹没类型。对于第一种情况，应该有一个水源来保证稳定的水位，这在现实洪水期间不会产生。模拟分析操作方法是参考历史洪水位的演变，适当选取某一洪水位来进行洪涝淹没模拟分析。对于第二种情况，在发生堤坝塌陷或溃口时，随着塌陷或溃口的不时变化，分流比也相应地变化。发生此种情况时，通常会采取防洪及应急应对措施，在应急过程中塌陷或溃口的规模和分流比也会发生变化。洪涝淹没不能自然地发生与结束。在这种情况下，由于堤坝溃口的分布不清楚，并且溃口的大小会发生改变，因此无法直接测量从溃口处流入洪泛区的洪量。在现场架设流量测量设施非常困难且危险。因此，在现实操作中，需要考虑利用分流比去计算流入洪泛区的洪量。

总而言之，洪涝淹没的机制是水源头与洪泛区连接渠道（如开阀入水、溃堤等）存在高度差，这导致洪水事件发生。洪涝淹没的结束是两者水位必须保持一种平衡状态，并且洪水流入的区域成为洪水的最终场所——淹没区。基于水动力学模型的洪涝演变模型可以模拟洪涝淹没，即模拟各个时间段的洪涝淹没区，这对于洪涝淹没模拟分析非常有用。但是，洪涝模拟的最后结果与广义上的分析模型几乎没有区别。此外，由于洪涝演变模型的建模过程复杂，因此很难确定模型的边界，特别是对于河流两岸的广大农村地区而言。

## 3.3.2　基于网格模型的淹没分析思想

基于数字模型的洪涝淹没可以用来进行洪灾风险与淹没分析，它包含了上述两种洪水情况的区域淹没范围和水深问题。然而，DEM 数据需要处理的量过大，无法快速输出当前的大规模洪涝淹没情况；且受限于洪涝灾害模拟分析的软件和硬件条件，其计算速度对于防洪防灾或应对决策的实现和应用是难以忍受的。网格模型的想法早已出现并被应用于多个专业方向，诸如基于水动力学的洪涝演变模型的现代先进洪涝模拟模型就是一种网格模型。考虑到网格自身对于推广该模型所具有的优势，并且将其与洪涝演变分析模型与洪涝灾害损失评估分析模型整合在一块，基于网格的洪涝淹没模拟分析模型就是不二选择。

三角形网格及任意多边形网格可通过 DEM 简单、快捷地产生，其中地区实际高度可通过网格分布尺寸来体现或区分，原理类似于地形图中的等高线。此类模型进行洪涝淹没模拟分析时存在如下的特征：

(1)地区地形过于平坦就会导致淹没区域大，而地形相对不平坦地区的淹没区域较小。这一特征与网格分布尺寸格局特征一样，因此该网格模型可以很好地模拟洪涝引起的淹没特性。

(2)河流边界和洪涝淹没的界线通常是不规则的，与常规的四边形模型相比，三角形网格和任意多边形网格可以更好地模拟出边界特征。

(3)网格大小和密度不匹配不仅可以满足模型的物理要求，而且可以减少计算机所需的存储空间，提高计算速度。

基于 DEM 生成的三角形网格模型，将高程定义为概念化的高度，即在每个三角单元中高度被认为是均匀的，并且其高度是针对三个角点的高度进行平均取值的。将 DEM 转变为多边形以创建任意多边形网格模型，并且在计算过程中可以将具有相同高度的毗邻单元归并为多边形，这将大大减少多边形的数量，并确保 DEM 高度数据的原始精度不会丢失。其结果是，多边形网格模型的效率高于三角形网格模型。网格元素被平均细分后，单位数量虽然增多，但是在同程度的研究分析情景的前提下，任意多边形网格模型能够获得更近似于实际高度的值。经综合考虑，大多数研究分析基本上可以运用三角形网格模型进行，而直接转换 DEM 的多边形网格模型则应用于高精度的模拟分析过程。

### 3.3.3 基于网格模型的淹没分析方法

#### 1.淹没分析研究区域的确定

为了减少用于分析的度量标准，通常会依据发生洪涝淹没的风险预先在区域内确定出最大可能的淹没区，并把沿河的两侧进行处理与分析，河流附近的界线被视为淹没区的入水界线。这样的处理对于防洪更加合理。通常，在洪泛地区，不同地区大坝的防洪等级也各不相同，因此有必要把河道的两侧隔离开来。

当下，岳阳市主要河流的周边地区 1∶10000 的 DEM 数据可在国家测绘局获取相关信息资料。现实中，有必要根据某些防洪区的微地形来修改 DEM 信息数据，以确保 DEM 数据的精度，并参考微地形（例如堤防、水利枢纽等）来修改网格数据（GRID）。基于一系列测量的自动快速网格校正程序是在 ARCINFO DESKTOP 8.1 版本上开拓出的，可以交互使用。修改后的 DEM 数据可以直接在上述已确定最大淹没风险范围内进行比对及剪裁，目标区域即是裁剪后输出的范围区域。

2. 网格模型的生成

（1）三角形网格模型。

将目标区域中的 DEM 数据转换为 TIN 模型，然后检索三角单元并为每个三角单元赋予高程值。高程值的计算是从网格接收的高度值（三个角点的高度值）取均值。产生的三角形网格是用于洪涝淹没分析的三角形网格模型。

（2）任意多边形网格模型。

目标区域中的 DEM 数据将转变为几何特征图层，并且具有相同高度的相邻单元会自动集成到多边形中。自动使用多边形的高度作为网格的高度，以确保不会失去 DEM 数据的初始精度。产生的多边形网格是用于洪涝淹没分析的多边形网格模型。

3. 给定洪涝淹没条件下的三种情景淹没分析

（1）给定洪水水位情景下的淹没分析。

选定水源的出口，设置好洪水位，然后选择其下方的所有三角单元网格。再对所有网格进行连通性分析，连接单元进行归并后形成一个区域——淹没区，确定了淹没区后就可以对区域内各单元内的淹没水深进行分析，计算处理分析后可获得区域的淹没水深分布。

在灾难发生前的初步预估分析中，流量值可以参考既定条件预先设定，若没有确切流量，也可参照发生洪灾频率所对应的水体流量比来设定；流量的运算可用溃口的分流比与流量过程曲线来确定，这在洪灾评价分析过程中是至关重要的一步。如果条件合适，可以进行实地测量；如果条件不合适，则可以基于河流上下水文站流量的差异，并考虑一定时间内的补给差来进行计算。

（2）基于洪水水位分析方法。

在连续给定洪水水位 $H$ 的条件的基础上，采用二分法等近似算法。与洪量 $Q$ 相比，淹没区域的水体体积 $V$ 更接近洪量连通淹没区域，其淹没范围和水深就是最后的洪涝模拟分析结果。

（3）基于网格模型的洪涝淹没连通算法。

模型模拟操作过程实际上是认为所有低地的水域都被一同入侵；实际上，洪水淹没的地点本身不是这种情况，洪水开始是从水源地区及防洪区域内泛滥成灾，而后才是通过堤坝等边界去往低洼地区。可以使用种子填充算法来充当洪涝淹没连通算法，该算法的核心机制在于以随机方向前行。假设有某一标准高度（洪水位高度），需要为该高度找出内部所有可以连通的区域，并将此区域假想成大小不同的网格，网格是变数一致的多边形归并成的（不同的情况则更加繁杂），并假设对于三角形网格（其他网格单元多边形可类比参考）而言，前行方向是随机不确定的，以保证各情景的出现概率。

任意多边形网格类似于三角形网格方法，洪涝淹没分析过程中可类比上述计算法。由于未确定每个单元的相邻单元数，因此可通过对算法中的每个相邻单元进行编号来生成初步序列。

### 3.3.4 基于网格模型的遥感监测淹没范围水深分布计算

对于检定某个地区的洪涝淹没情况，遥感监测技术非常有效，但是通常很难得到淹没水深的布局情况。前文讲述的遥感技术监测可用来获取目标区域的洪涝淹没范围与水深。

通常，基于 DEM 模型生成器转变的任意多边形网格模型，先要确保每个网格单元的高程相同，再把洪涝淹没的遥感监视范围与多边形网格叠加，把特定网格（淹没边界）水深定值为零，边界网格高度减去其内部单元自身的高度差值就是其淹没水深。因此，该算法假定边界单元的高程一致，并且此假设适用范围很小，对于小范围的洪泛区或建成区比较有效，此类地区内部高程变化不大，模型计算单元网格高程的近似值就可定为淹没水位。

## 3.4    ArcGIS 的洪涝淹没模拟与分析

近年来，GIS 技术的运用愈来愈广泛。本书也是借助 ArcGIS 软件对岳阳市整个区域进行水文分析，在此基础上再进行洪涝淹没分析与灾害评估，进而划定洪涝淹没区域。本书所获得的数据信息主要来源于中科院地理空间数据云网站及岳阳市政府相关机构平台，具体见表 3-3。

表 3-3    数据来源表

| 主要数据 | 来源 |
| --- | --- |
| 岳阳市 30 m 分辨率的数字高程( DEM) | 中科院地理空间数据云网站 |
| 岳阳市全域的行政边界 | |
| TM 遥感影像图 | 中科院国际数据服务平台 |
| 主要河网水系分布数据 | 岳阳市水务局 |

### 3.4.1    基础数据处理分析

基础数据是进行研究分析的前提，但有些数据并不能直接使用，需要人工处理后才能用于具体的软件分析。直接获得的数字高程信息数据虽然包括了高程等区域的基本数据，但是其也可能存在一些凹陷区域。这些洼地中的一部分反映了真实的地形，另一部分则反映了在建模地表水流过程中由于低海拔网格的存在而由该区域非理性或错误流动所接收的不合理洼地。因此在进行模型试验开始前需要参考实际地形地貌来完善原始数字高程数据。应该通过设置填充阈值来填充不合理的凹陷，以获得没有凹陷的 DEM 数据。

将岳阳市 30 m 栅格的 DEM 数字高程数据用 ArcGIS 板块的水文分析工具进行处理所得的岳阳市绝对高程如图 3-1 所示。基于获得的 DEM 数据来计算低洼地区的 DEM 数据，凹陷区的判断可以水体的流动方向为依据，凹陷即在流动方向上不合理的地方，将凹陷深度、计算和现场实际高程作为参考，设置凹陷填充阈值，对不合理的凹陷进行填充，获取没有凹陷的 DEM 数据，做好初步数据处理以便后期结果分析。

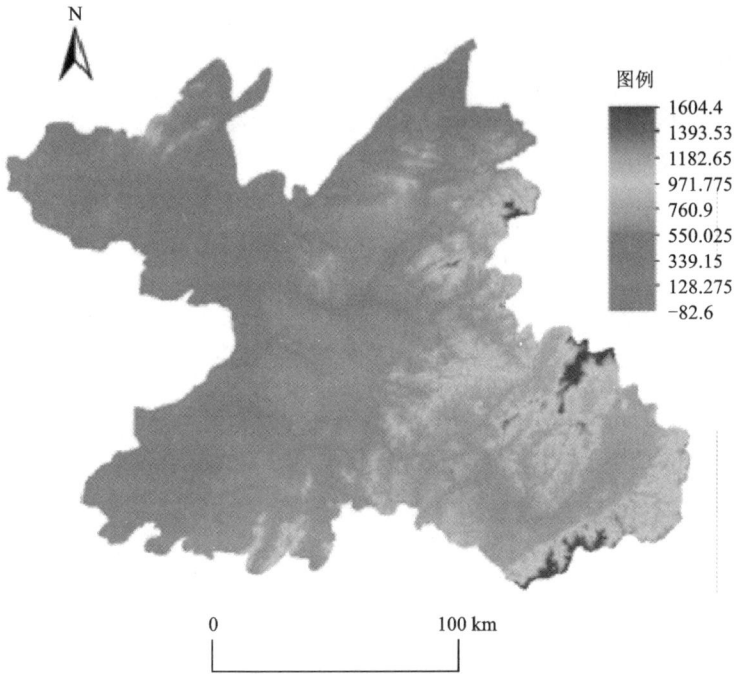

图 3-1　岳阳市绝对高程

### 3.4.2　水流方向提取

水流方向是指从每个网格单元离去时水流动的方向。ArcGIS 中确定水流的方向是使用 D8 算法(最大距离权重落差)，即有 8 个有用流出方向，并且水流可以分别流向毗邻的 8 个网格中。其步骤是利用 GIS 平台的水文分析工具集中的相关编辑工具，设定没有洼地的 DEM 数据，即可获得水流动的方向结果。

### 3.4.3　汇流累积量

采用 ArcGIS 的地表径流模拟过程,汇流累积量需要用流向数据来计算。计算汇流累积量的思路是,在由常规网格表示的数字高程模型中每个网格都有一个单元水量,根据水流从高向低的自然移动定律,基于目标地区内的水流方向数据,算出流经所有网格的交叉水量,汇流累积量就是所获得的水量总值。ArcGIS 平台上的汇流累积量是基于网格的水流方向,从上游而来所有流经各网格的汇总水体流量。研究分析可知区域汇流累积量愈大,愈容易在该地区地表发生洪灾活动,地面表层的积水汇流、径流等现象在所难免。其基本步骤是在 GIS 平台的水文分析工具集中选择填土堆积编辑工具,设定 3.4.2 章节中所计算出的水流方向数据,进而得出研究目标区汇流累积量数据。

### 3.4.4　数字河网模拟

1. 水流长度

水流长度(流程)是水面的投影长度,即从地球上的某个点沿水流方向到最大距离的投影。本书使用的是一种溯流计算流量的方法,即沿着从地球上每个点到水流起点的最大距离且沿着水流方向的水平投影。GIS 平台里的正常操作是利用水流长度编辑工具,输入前文所计算出的水流方向数据,选择水文分析中的逆流计算来确定方位,得到的结果表示沿着水流方向到上游栅格的最大距离的栅格数。

2. 河网生成

基于直接获得的数字高程等数据,人为处理且参考地区实际水文分布格局及动态活动生成模型模拟所需的目标区域河网。模型里的河网基本就是各栅格点的汇流累积量超过一定界点时水体流动的潜在路径,简而言之河网其实就是实际水体流动所形成的流路的集成网络。研究分析某地区的地表水文活动需要先明确其地表水流路径,因此模拟分析其过程须预先确定地区河网以便于深入研究。GIS

平台里的正常操作是借用栅格计算器将数字高程信息数据输入栅格河网中，并矢量化栅格河网，最终获取研究所需的目标区域河网分布。

3. 河网分层分级

在模型模拟过程中可通过地区的汇流累积量来确定河网的层级。明确河网的层级便于试验操作时对研究区域进行区划分级研究分析。河网层级愈高，其汇流累积量愈多，通常表示地区实际存在较大的河湖水系等；若地区只有细小水系及末端支流等，其汇流累积量一般不大，模型上所体现的河网层级相应就低。本书采用的是水系支流分级方法。支流分级是把所有无支流的河湖定为1级，汇并2个1级河湖则为2级，3级和4级依此类推。GIS平台里的正常操作是利用河网分级编辑工具，选择水系支流分级模式。ArcGIS平台的模拟结果中一般将河网划分为4个级别。

## 3.4.5　集水区域划分

集水区域是地表径流过程中由公共出口排出的水和其他悬浮物质形成的集中排水区。集水区域划分的基本步骤是借助ArcGIS中的流域编辑命令和汇水编辑命令，汇水的信息数据体现了目标范围内各个流域汇水面积的范围和大小。

## 3.4.6　洼地深度与洪涝易涝点

在模型模拟分析操作过程中，鉴于本书是针对岳阳市的灾害基础分析，归纳分析得出：岳阳市域内主城区被淹的区域皆因地势低平且地区内部排水管网系统不发达而造成洪涝灾害易发。ArcGIS平台里操作流程是采用平台的洼地分析编辑工具，输入之前得到的汇水区信息数据，同时分别计算出目标区域的洼地高度的最大、最小值，从而获得洼地深度即最大与最小高度值之差。然后再借助GIS进行模拟计算，在输出的成果图中，目标区域实际地形偏高的也就是不易发生洪涝灾害地区，在图中表现为较浅色彩的区域；图中较深色彩的区域则为实际地形偏低，易发生洪涝灾害的区域。

第4章

## 洪涝模拟支持下的河网地区
## 城市防洪减灾应对体系

很多城市都存在洪涝灾害，一般都采取了相应的自然灾害应对策略，大致分为强化防范意识类的非工程措施与完善实际市政设施等的工程措施。所以自然灾害的洪灾应对方案也可分为工程措施和非设计措施两个层面。对河网地区城市洪涝灾害进行特征分析时，应有针对性地制订或优化防灾工程措施、管理应对策略，例如城市主城区已有齐全的市政工程设施或系统，则无须再花费物力、财力等去完善，但要换个视角跳出传统理念框架，从城市韧性思维着手加强城市的蓄水承灾能力。此外，在研究城市主城区的洪灾风险水平时可获得地区内洪灾风险分布情况，因此在高风险区则需要更加科学的管理应对方案。

## 4.1 洪涝模拟下的城市防洪减灾关键问题

城市洪涝模拟是城市预防、减少洪灾带来的影响和破坏的关键技术之一，为城市风险应急管理和水务规划提供了重要依据。虽然 GIS 技术的发展为城市洪涝模拟提供了精准、可靠的数据支持，也提供了更高效的分析技术支撑，但与此同时也对城市洪涝模拟提出了新需求和新挑战。

### 4.1.1 洪涝高风险区的识别与管理

在洪灾风险高的地区，风险系数很可能与其他地区的风险系数相似，这一差异是由较高的社会脆弱性系数所致，这最终使洪灾的风险等级高于其他地区。人口的脆弱性、经济的脆弱性和基础设施的脆弱性等一般在高风险地区程度比较高，脆弱性高对应着地区防灾能力较弱，灾害损失也相对较大。在高危地区，环境和公共设施管理的人均固定资产投资和每万人的环卫工人投资要比其他地区低得多，缺乏对整体生态环境的修复管理，地区公共卫生基础设施也未达标。所以在高危地区，减少洪灾和洪灾损失要注重改善脆弱性，提升区域内的生态韧性，即防洪抗灾能力。

### 4.1.2 洪涝防控设施的布局评估与提升

洪涝防控设施是城市发展的命脉。河网地区是洪涝灾害的高发区，在基于洪涝模拟进行城市防洪减灾时，首先应对河网地区现有的城市洪涝防控基础设施的布局合理性进行评估，根据城市洪涝模拟过程中洪涝风险点的分布情况，研究配备一个应急抢险基点应覆盖多大范围，每个基点配备多少抢险人员、车辆及物资等，设计从基点到风险点的交通保障方案，等等。同时对河道、水利设施(防洪堤、坝、闸等)、蓄洪区、排水渠道(隧道)、排水泵站、大型调蓄设施、行泄通道等洪涝防控基础设施进行提升与优化。

### 4.1.3 防洪排涝规划体系的统筹协调

防洪排涝规划体系的统筹协调是城市防洪减灾的关键，应将流域统筹治理的理念融入相关法定规划工作，以此实现对城市内涝灾情的预防及控制。在城市中进行防洪排涝规划时，要使之与城市的总体规划、国土空间规划等相关规划协调统一，具体协调的工作内容包括科学制订城市防洪、除涝的具体标准，城市建设对防洪的实际要求，根据工程对防洪的具体要求进行城市景观的布局等多项内容。在协调期间，如果出现矛盾，应当以城市防洪需求为关键，在确保防洪的基础上，再去考虑其他功能，避免防洪达不到标准要求，导致城市在发展的过程中出现洪涝灾害，从而给城市以及居民造成严重的经济损失。围绕城市总体规划方案布局，防洪工程的规划与设计应与城市发展的总体布局相协调。如果协调过程中出现暂时不能解决的矛盾，应先满足防洪需求，之后再考虑功能性需求。

## 4.2 防洪减灾工程应对措施

### 4.2.1 转变传统理念，建设韧性城市

在传统城市发展中，排水是其洪涝治理的核心思想，其主要目的是尽可能在短期内快速排出积水，因此城市的排水管网将承受过大压力。规划设计的城市排水管网如果不是高标准，则暴雨期间的地表积水难以快速排出，一旦极端天气发生强降雨，地表径流、汇流的积水将远远无法全部涌进排水管网中，地表将会严重积水且可能造成雨水回涌地面的情况。因此，以前的城市防洪工作的重点是提高城市排水系统的设计标准，但是很大程度上难以做到这一点。首先，城市主建成区目前已经基本上构建了相对齐全的雨水排放系统，要制订提高排水管网的设计标准，必须对其进行翻新，并且必须挖掘巨大的结构，但这难以实际实施。这不仅会浪费资源，还会局部限制城市的生态环境和交通畅通。除此之外，雨水也是一种水资源，对城市也很重要，在降雨过程中快速排干雨水从某种程度来说是浪费资源的表现。如今人们正在创建一种解决城市洪涝问题的方法——构建韧性城市，这种方法摒弃了传统的治理洪灾理念，致力于强化区域"韧性"功能。韧性城市不是单一发展地区特性，而是综合多层面因素全面推进地区健康和谐进步，对雨水管理采取"水循环"理念，强化雨水的回收再利用。其典型示意图如图 4-1 所示。韧性城市概念的提出源于生态环境概念的变化，它能依据当地现实情况，

深入研究以制订匹配实际的对应措施来调控当地开发。目前，许多城市规定用于新建、重建和扩大发展的所有开发建设的规划和设计中均应包含韧性城市发展理念，倡导低影响开发城市。

图 4-1　韧性城市雨水广场示意图

## 4.2.2　重塑城市生态水系格局

流经河网地区城市建成区的河湖水系等同时肩负了城区防洪排涝的大任，其在整个城市防洪减灾体系中是不可或缺的。随着城市化进程的加快，城镇中许多支流水系、河道、水塘等自然水体面积缩减，造成单一或主干化河网水系结构的趋势愈来愈明显，地表汇流的雨水无法被河湖水体全部接受，甚至造成道路表面积水过大影响区域内部交通。如果能够确保区域内河湖、水库、沟渠等的相互连通性，局部蓄水紧张时就可分担部分压力给邻近的连通水域，如此就能在一定程度上缓解区域洪灾影响。如今城市的一个重要任务是：在城市原有生态网络基础上努力恢复历史河渠沟壑且确保其连通性，还原局部滞洪区。

## 4.2.3　增强市政设施蓄洪工程建设

区域主城区的开发建设强度一般都相对较高，此类地区混凝土铺地大量增多导致地表过度硬化，降雨或地表积水没法很好下渗。通过设计规划城市绿色生态设施与交通结构来调整城市地表生态韧性区域面积，扩大其雨水下渗率，是减少地表径流量、使城市生态水文循环得以校正从而改善城市脆弱性的良好方案。我国曾规划在 2014 年人均公共绿地面积约 12 $m^2$，但接近这一目标的仅部分河网地区城市的局部地区，而河网地区城市的人均公共绿地面积远远不达标。为了营造更好的生态防灾工程，必须科学、合理地增加区域的绿地覆盖面积。区域绿地面积不是纯粹增加就行的，而是需要参考区域发展方向或方针，且考虑区域历史地表汇水情况，确保城市在汇水区内有一定量的生态绿地。同时，许多地区虽然存在不少的公共生态绿色用地，但是并没有起到作用。例如城市交通交叉口或立体交通区域通常易存在积水点，尽管已为其配备了面积不小的生态绿地及设施，但地表积水几乎不经过生态绿地，绿地等蓄留雨水的效果基本没有。所以，随着公共生态空间的增加，有必要改变或重新规划现有绿地格局。生态绿色地区基部应不高于城市路面，且要确保其有足够的畅通性，以便路面上的水可以轻松地被生态韧性地区接纳，使雨水有处可去，如此就可缓解城市一定地表积水压力。

建筑物密度不足以建立大型蓄水设施的主城区，可以参考国内外的成功案例，在确保实际可行性的前提下对区域公共设施的生态韧性机制或蓄留雨水功能加以开拓与改善。这样一来，雨水就会流到规划的生态韧性区，很容易地渗透到土壤中，大量水分可被土壤和植物吸收；为避免水土流失，可在区域周围铺设砂砾。合理地使用广场、游乐场等，这些公共场所非常适合在极端降雨和城市排水系统超负荷的情况下进行防洪蓄水。一些大型建筑物还拥有自己的雨水回收循环系统，例如，享有盛名的圆顶体育场有自己的大型雨水蓄水箱，其可用于冲厕、灭火、洗车和浇水等。坑道、铁路桥等局部易存在积水点，在附近建造小规模的蓄水区，可以起到蓄水及调控地区灾害的作用。

## 4.3 防洪减灾非工程应对措施

### 4.3.1 社会洪灾风险意识宣传与强化

区域灾前管理仅仅是针对气象的预测、预报；现有排水管网系统往往无法满足区域实际需求，其建设落后于快速的城镇开发建设现有排水管网系统；最大的问题是缺乏科学的规划，城市发展建设过程没有前瞻性设计，缺乏对地下系统管理的重视。同时，以往区域内建设的市政工程设施或防灾工程项目未得到确切保障，或者政府与相关机构的监测不到位，现实社会可能存在"豆腐渣"工程，建立相对健全的城市排水防洪体系刻不容缓。在洪涝应对措施需要革新的城市中，通常大雨倾盆肆虐后，城市难以恢复，形成面对洪涝问题"屡战屡败"的恶性循环。城市的雨洪管理须预先规划科学的防洪计划和应对措施，并把城市雨水管控项目结果纳入政府绩效评价体系，同时雨水管控治理的路径与时刻计划表也要预先确定好。此外，如何预防洪水、如何保护排水设施，也是城市雨洪管理的重要问题。许多居民图便利，将废物从排水沟扔掉，导致城市管理活动难以动员民众。因此，鼓励居民参与城市洪水管理的关键是加强居民对洪灾和灾害风险的认知，这也是城市洪灾管理应对过程中的一个重要环节。首先，必须加大宣传力度，可通过小册子和传单向居民传达洪灾情况，还可借助广播和电视广告等信息手段加强居民的灾害认知与防灾意识，提高居民自觉配合城市洪涝治理活动的兴趣。持久举行相关洪涝灾害风险认知宣传，加强居民的保障市政公共工程设施的道德素养，自发不乱丢废物堵塞雨水口。通过向居民传授如何预防城市洪灾的方法，形成全民参与的全方位防洪抗灾系统。

## 4.3.2　洪涝灾害预防预警机制完善

洪涝风险预警工作繁多，需要各机构或部门协调合作，一般体现在这些方面：区域洪涝危害的全面调查、洪涝等级的分类、关键洪涝的临界雨量、洪涝预警、洪涝评估和结果度量。预警工作有利于及时采取紧急措施减少或防止可能的损失。它采用诸如遥感、遥测、卫星等跟踪监视技术，必须定期从这些跟踪系统中获取数据，实时更新监测数据以确保预警预报系统的有效性。预警预报系统应具备及时性、高效性，这就需要保证各个环节的工作落实到位：第一是对地区进行实时洪水动态活动监测，充分把控地表水文活动详情；第二是通过洪水的出现来分析、模拟或重新验证，剖析洪涝发生条件；第三是预警准确的信息可以通过相关部门或机构传递到地区和接收者；第四是制订基于预警预报信息采取相应的措施、对紧急情况进行初步指导的预警方案。此外，还需根据地表特性的差异建立一个自动气象观测站，并将其与实际情况联系起来，基于实际洪水预报建立实时测量报警平台。洪水信息警报有多个通道，需要选择合适的预警信息接收者，发送正确的预警信息。应根据城市具体情况进行调整更改，并且在城市洪灾严重时启动应急储备。及时发送地区的洪水监测或实时预报信息，是对相关管理机构或部门的组织排水管理工作最重要的支持。同时，在受灾期间能够借助信息化手段指导民众安全出行，方便居民生活。

## 4.3.3　妥善协调市政设施与排水管网系统

区域发展不可脱离地区内部的各项基础设施建设，地区管理也应充分考虑地区内部基础设施或工程管网信息。一些城市的市政管理部门已经在着手降低城市生产和生活的关联项目，尽管它们与市政管网无关，但是它们以某种方式影响着市政管网，有时甚至造成市政管网被损坏。市政机构实施的项目如全城局部的旧城改造与修整路基等，可能会不经意地触碰到城市市政管网而导致产生不少积水点。为了优化许多老城区的空间构成并增强城市的生活品质，改建或修缮城中村的进程不可停止，但越来越多的障碍物使比较宽敞的路面变得紧张，且较大程度地压缩了有效排水面，使地表雨水无处可流，市政管网同时也被影响而使其功能受限，积水面积因短期内雨水无法有效排出而逐渐增加。所以，为减少给城市带来非常规损失即降低城市市政工程施工对现状管网网络的破坏，需要提前和相关机构协商好，直到作出合理方案再开展市政工程项目。为了确保城市的排水通畅，应适时清洁雨水箅子与雨水口，在可能大量积水的地区预先开放水路闸门并收起雨水口井盖，并标上安全警告标志。此外，紧急情况时可借助水泵把积水抽排进附近道路正常使用的市政管网中去，以快速解决地表汇水、积水问题。

# 第5章

## 基于岳阳市洪涝淹没分析与
## 风险区划的规划实证

　　快速的城市化和过度开发导致的水土流失、河道堵塞使河网地区城市洪涝灾害更趋频繁，经济损失急剧增加。就城市发展理论和洪水治理措施而言，上述章节已经总结了基于河网地区独特地理特征和生态特征的各类城市发展理论以及应对城市洪水的非工程措施与工程措施，但这些理论和措施如何因地制宜，如何指导实践仍然需要讨论。洞庭湖地区位于中北亚热带湿润气候区，具有"气候温和，四季分明，雨水集中"的特点。湖区平均气温为 16.4～17℃，年降水量为 1100～1400 mm，周边河网交错，属于典型的河网地区。岳阳市位于洞庭湖东岸，依长江，纳三湘四水，江湖交汇，是典型的河网型城市。本章主要以岳阳市为例，首先从地理区位、社会经济发展、水系、土地利用四个方面对岳阳市市域自然地理概况进行梳理总结。其次基于岳阳市 2006—2015 年降水量分布与洪水位、DEM数据，对洪涝淹没区和暴雨内涝总径流量进行计算分析，最终获得岳阳市洪涝淹没风险区域及等级图。最后通过岳阳市案例证实本方法的可行性，同时为河网地区城市洪涝灾害管理应对、未来土地利用规划与防洪减灾规划提供新的思路和技术方法。

# 5.1 岳阳市城市发展概况

## 5.1.1 岳阳市市域自然地理概况

1. 地理区位

岳阳市处于长江中游岸线以南，坐落在湖南省东北部，素称"湘北门户"，占地总面积为 15019.2 km²。岳阳市全境介于东经 112°至 114°之间、北纬 28°至 30°之间，岳阳市南北轴长约 160 km。北接湖北省洪湖、石首（县级）市、赤壁等地，南部与长沙县、浏阳及望城区相邻；东西约 180 km，东抵湖北省通城县、江西省铜鼓县和修水县，西部与南县、沅江市及安乡县接壤，自古就是交通发达且战略地位极高的地区枢纽。

2. 地形地貌

就宏观地形而言，岳阳市地处湘北"撮箕口"东侧，地势东高西低，呈阶梯状向洞庭湖倾斜。域内呈现出流域型城市的典型地貌特征，东南两面为山地地貌，以平原和水网作为中部过渡，向西北部洞庭湖区倾斜。

就微观地貌而言，岳阳市浅丘区面积最大，占全市面积达 2/5 以上，其次则是平原、水域等。境内最高点为平江县连云山主峰，最低点为君山区濠河河底。境内地貌多种多样，丘岗与盆地相间、平原与湖泊交错。其中，山地 2196 km²，占总面积的 14.62%；丘陵 3539 km²，占 23.56%；岗地 2665 km²，占 17.74%；平原 4066 km²，占 27.07%；水面 2583 km²，占 17.20%。幕阜山山脉主峰海拔 1596 m，脊岭海拔约 800 m，自东南向西北呈雁行排列，蜿蜒于岳阳东部，主峰的绝对海拔约 748 m。岳阳市 DEM 高程分析如图 5-1 所示。

3. 气候条件

岳阳市受到湿润的大陆性季风影响，一年四季分明且季节性特征较强。雨水资源较富足，但降水比较集中，具体降水情况详见图 5-2 和图 5-3。就微气候而

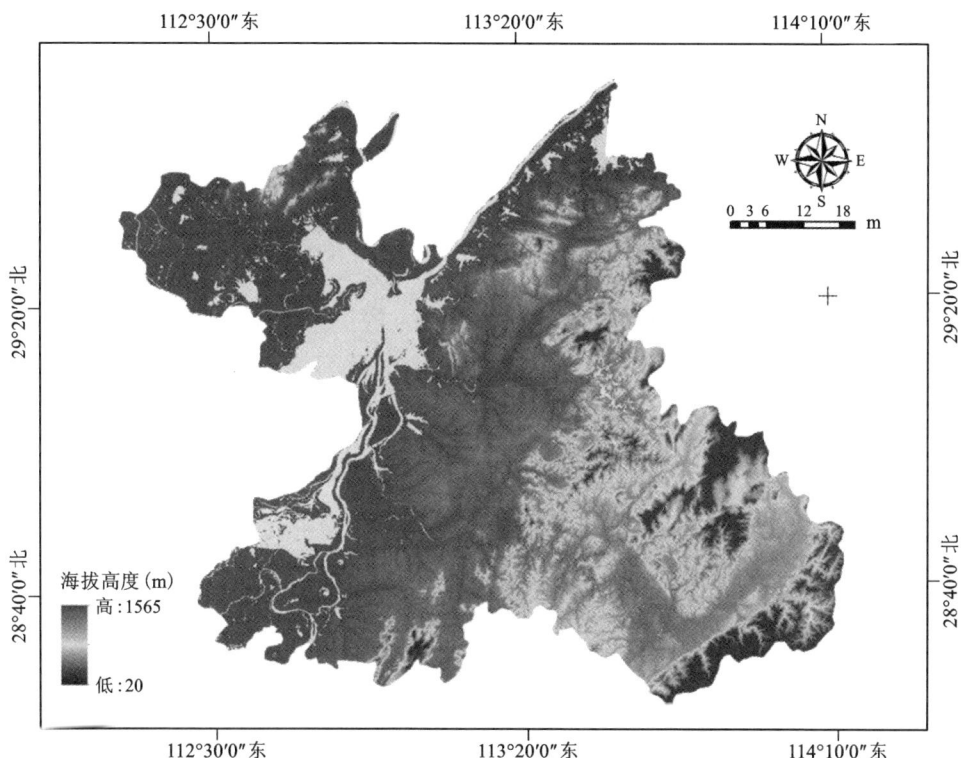

图 5-1　岳阳市 DEM 高程分析

言，总体热量资源多，环洞庭湖区域气候单一，市区（建成）气候稳定而山区则多变。天然性雨水呈东多西少以及春夏多秋冬少的时空特征，一般年均雨水在 1300 mm 左右，降雨最多的记录为 2300 mm 以上，降雨最少的记录仅 749.8 mm，分布差异巨大。

岳阳市气温条件同样如此，虽然常年气温条件为 17℃，但据统计最高在 41℃ 以上，最低却为零下 20℃ 左右，岳阳市年平均气温见图 5-4。市域内常风向是东北偏北风，风力资源潜力较大，年均风速可达 2.8 m/s。光照条件受地貌影响呈现西北多、东南少的特征。平均每年有 1600 h 的日照时间，所以无霜期有 265 自然日以上。总体来看岳阳市气候条件适宜，社会生存支持条件充足。多年以来，岳阳市的社会经济实力增速可观，它陆续增长的人口、高度繁荣的经济和至关重

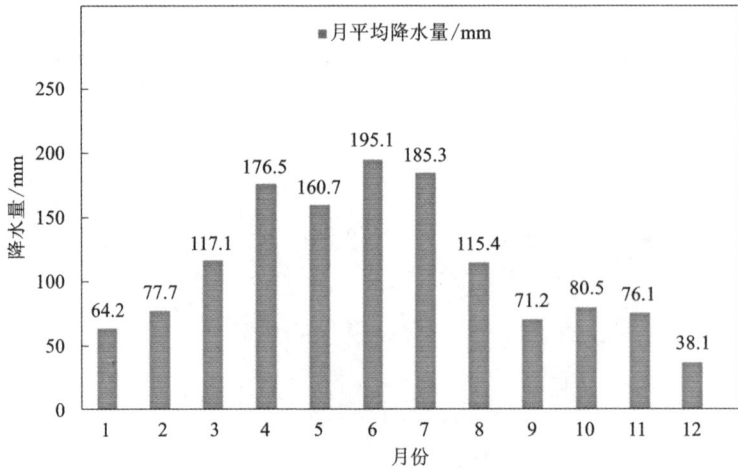

图 5-2　1981—2019 年岳阳市月平均降水量统计表

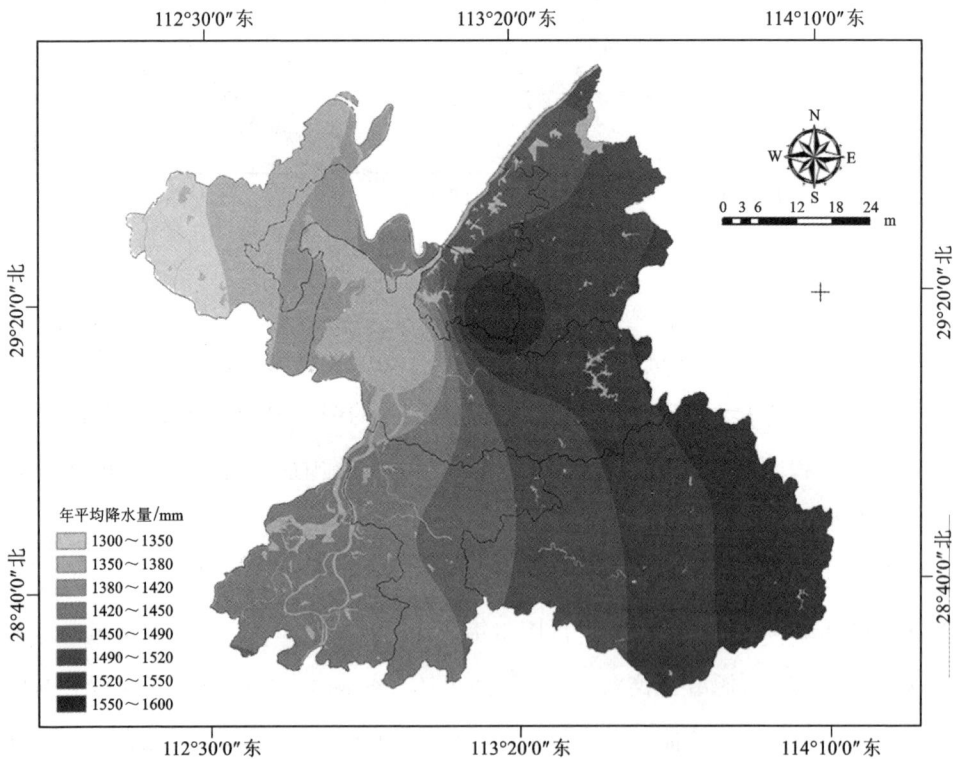

图 5-3　岳阳市年平均降水量差值统计

要的区位也决定了其面对城市灾害时所要承担的高风险以及灾害应对和预警的迫切性。岳阳市年平均气温(DEM 校正)统计如图 5-4 所示。

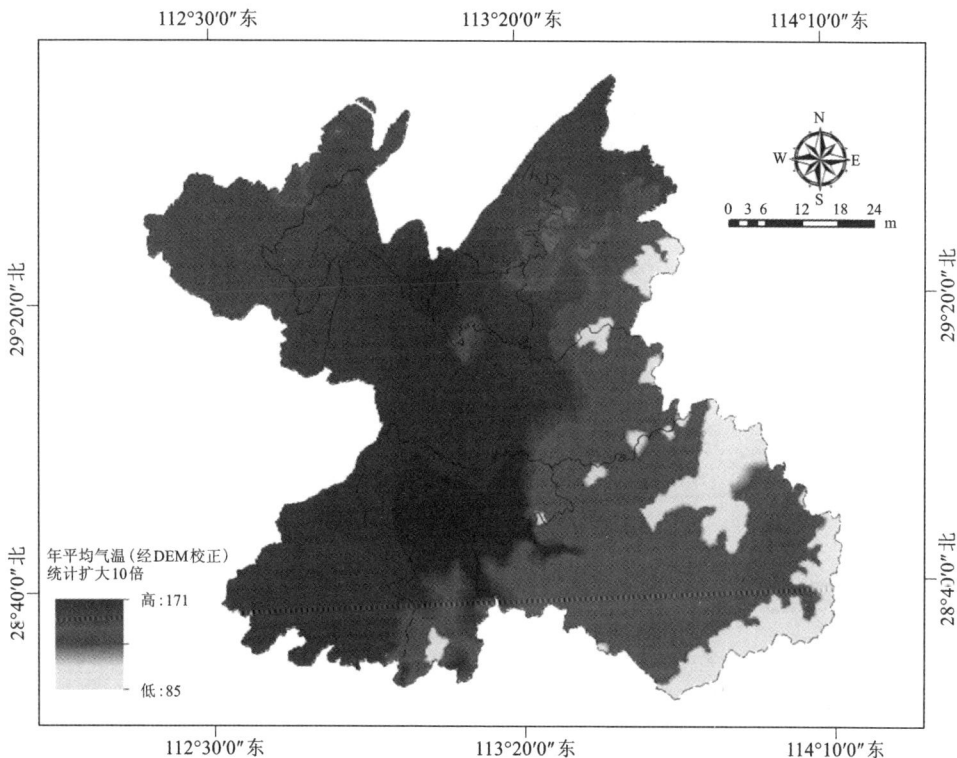

图 5-4　岳阳市年平均气温(DEM 校正)统计

### 4.水文条件

岳阳市水系发达,其河网水系分布详见图 5-5。岳阳市有大小湖泊 165 个,280 多条大小河流直接流入洞庭湖和长江,其中,97.5% 的河流有 5000 m 长,9.6% 的河流流域面积在 $1×10^4$ hm²(1 hm² = 10000 m²)左右,其中汨罗江和新墙河的流域面积甚至达到了 $2×10^4$ hm²。公开资料显示,新墙河大约 108 km 长,流域面积为 $2.3×10^4$ hm²;汨罗江发端自岳阳市边界的黄龙山脉之内,总长 253 km,流域面积更是前者的 2.3 倍。大桥湖、黄盖湖和东风湖等是市域内的主要内湖,其中黄盖湖处在湖南湖北两省交界之地,$1.5×10^4$ hm² 有余的全流域面积中有

91.8%的部分属于岳阳临湘(县级)市。

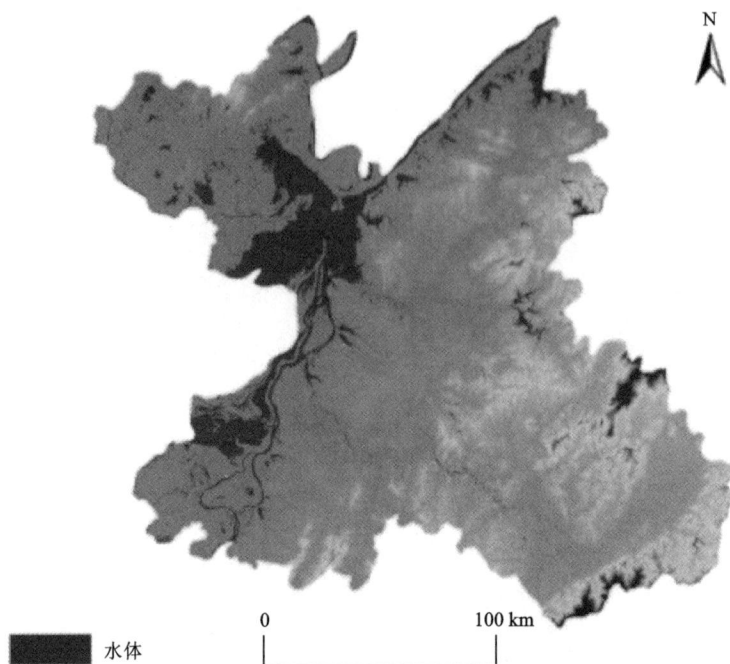

图5-5　岳阳市河网水系矢量分布图

洞庭湖位于长江中游水系带上，有着极关键的滞洪蓄水作用，滞蓄量达$170×10^9$ $m^3$。它有东、西、南三大部分且分属不同地市，总面积近$2.625×10^4$ $hm^2$。其中，洞庭湖泊群落中最大的东洞庭湖(总面积约$1.295×10^4$ $hm^2$，占比49.33%)就处于岳阳市市域内。岳阳市大小水系也以这个天然季节性的湖泊为核心，在湖区周边形成了辐射状网络，聚集了汨罗江、湘江、新墙河等共9条规模干流，它们沿南北不同方向汇入中心。

此外，岳阳市的地下水资源十分丰富但利用率不高。结合其地质类型分布情况可以发现这主要是受到了两个问题的钳制：其一，虽有着较大的过境径流，但地质均为松散岩，保水量低，丰富的径流没有被充分利用；其二，自然降雨不稳定，市域东部丘陵地带地下水资源被开采利用后难以得到及时的补充和恢复。岳阳市地质类型与地下水富集程度详见图5-6。

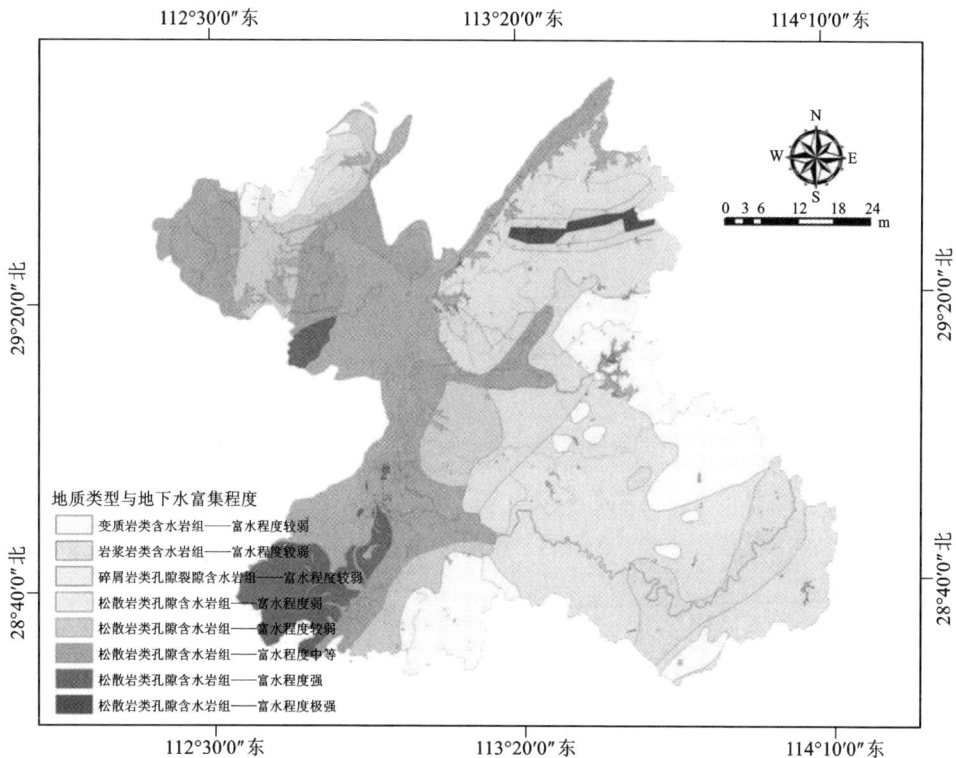

图 5-6　岳阳市地质类型与地下水富集程度

**5. 土壤矿藏**

岳阳市域内土壤类型(表 5-1)十分丰富,共有水稻土、菜园土、潮土、紫色土、红土壤、山地黄壤、黄棕壤、草甸土等八大土类(亚类 21 种);据不完全统计,变种的土类有 400 余种之多。另查原岳阳市国土利用规划可知,研究区的耕地占土地总面积的 23.81%,共 $3.538 \times 10^5$ hm²;林地和园地占比 43.63%;草地最少,占比不到 0.01%,仅 103.72 hm²;其他用地占比为 15.56%,其中水域为 $2.132 \times 10^5$ hm²。

表 5-1　岳阳市土壤种类统计

| 土壤 | 面积/万亩 | 比例/% | 特点 | 分布区域 |
|---|---|---|---|---|
| 水稻土 | 387.31 | 25.20 | 含丰富氮元素和较多钾元素，适宜水稻生产 | 以滨湖平原和汨罗江、新墙河流域最为集中 |
| 菜园土 | 1.02 | 0.07 | 耕层疏松，通透性好，有机质多 | 集中分布于城镇郊区 |
| 潮土 | 159.75 | 10.39 | 土层深厚，地下水位浅，质地适中，养分较丰富，适宜棉花、甘蔗生长 | 分布在东洞庭湖、长江、汨罗江、新墙河沿岸等地 |
| 紫色土 | 106.10 | 6.90 | 由富含碳酸钙的紫红色砂岩和页岩转变而来，水土流失快，风化也快 | 分布于丘岗地带，以市境东部长平盆地及新墙河流域面积最大 |
| 红壤 | 801.32 | 52.13 | 适宜茶叶、油茶、油桐、苎麻等经济作物生长 | 主要分布于海拔500 m以下山、丘岗地区，以中部丘陵地带与洞庭湖环湖及汨罗江中下游最为集中 |
| 山地黄壤、黄棕壤、草甸土 | 81.53 | 5.31 | 山地黄壤、黄棕壤均呈酸性，养分含量丰富，自然植被十分丰富 | 均分布于东部山区，山地黄壤一般分布于海拔500~800 m地段，黄棕壤分布于海拔800 m以上，草甸土只有500亩，位于幕阜山峰 |

注：1 亩 = 667 $m^2$。

此外，岳阳市内的矿产资源相对其他地市也十分富足。政务网站显示，全市有两百多处可采/已采点位，主要可以归纳成金属类、非金属类、稀有及轻稀土金属类和地下矿泉水四大类。具体有：黄金、钨铜和锡铅等金属资源；高岭土、萤石和草炭岩等非金属资源；锂、铯、铷等稀有及轻稀土金属资源；达到饮用标准的地下矿泉水与热水等。位于华容县、平江县和汨罗市等地的 10 处左右矿点能达到命名级别，而矿藏开发会对研究区土地安全造成较大影响。

6. 动植物资源

岳阳市生态环境优越，植被种类繁多，有着复杂的区系成分，地处中亚热带阔叶林带区，中亚热带向北亚热带过度的地域特点都在此有所体现。作为湖南重要的天然物种基因库之一，幕阜山及连云山区有着天然针阔叶林植被群落，君山岛有着丰富的刚竹属植被类群。植被因地理条件和水热条件不同，其分布也有着显著差异，以落叶阔叶林为主的洞庭湖平原区，以常绿阔叶林为主的中部丘陵到环湖丘岗区有着明显的过度，东部山区从山麓的常绿阔叶林到山顶的落叶阔叶林同样差异巨大。而天然生长或人工养殖的植物类型更加丰富，据不完全统计有近1200 种，其中有近 20 种名木古树属国家级。如采取一级措施种的有红豆杉、闽楠等，采取二级保护措施的地方特色植种有金钱松、银杏等。

岳阳市同时也是各类动物良好的繁育基地，全市范围内的生物资源种类多样。例如，以水生动物为主体的湿地生物资源，它们主要以洞庭湖为栖息地；以走兽动物为主体的森林生物资源，它们主要以幕府山等山体为核心活动范围。据统计，岳阳市生物资源有 600 多种，其中有白头鹤、草鸮、金雕、东方白鹳、大鸨、黄腹角雉、黑鹳、云豹等国家一级保护动物，也有灰鹤、河豚、虎纹蛙、白枕鹤、穿山甲等国家二级保护动物。岳阳市的鸟类资源丰富，包括 7 种国家一级保护动物在内的 300 多种鸟类，在东洞庭湖自然保护区内已被观测记录到。鱼类资源多达 124 种，其中包括中华鲟、白鲟等国家一级保护鱼类。

## 5.1.2　岳阳市社会经济发展情况

2019 年初，岳阳市经济社会增长表现出稳步增长的趋势。岳阳辖区较多，共有四区四县两市（县级）以及四个行政管理区。四区为岳阳楼区、君山区、云溪区和岳阳经济技术开发区；四县指岳阳县、湘阴县、平江县和华容县；两市指临湘（县级）市和汨罗（县级）市；四个行政管理区分别为南湖新区、城陵矶临港产业新区、屈原管理区和岳阳经济技术开发区（国家级）。岳阳市域范围共计 15019.2 km²。截至 2018 年底，地区常住人员达 579.71 万人，比上年末增加 6.38 万人。城镇常住人口 336.23 万人，占比 58.0%；农村常住人口 243.48 万人，占比 42.0%，具体人口数及构成见表5-2。2018 年出生人口 6.87 万人，出生率为 11.85‰；死亡人口 3.42 万人，死亡率为 5.84‰，人口自然增长率是 6.01‰。

表 5-2  2018 年年末人口数及其构成

| 指标 | 年末数/万人 | 比重/% |
|---|---|---|
| 常住人口 | 579.71 | 100.0 |
| 城镇 | 336.23 | 58.00 |
| 乡村 | 243.48 | 42.00 |
| 男性 | 300.45 | 51.83 |
| 女性 | 279.26 | 48.17 |

随着国民经济稳步增长，据统计，岳阳市 2018 年实现地区生产总值 3411.01 亿元，居全省第二位，比上年增长 8.3%，分别比全国平均水平和全省平均水平高 1.7 个和 0.5 个百分点。其中，第一产业增加值 319.91 亿元，增长 3.3%；第二产业增加值 1424.34 亿元，增长 7.7%；第三产业增加值 1666.76 亿元，增长 10.0%。第一、二、三产业的产业结构由 9.7:43.1:47.2 调整为 9.7:41.7:48.9。第三产业(服务业)已成为岳阳市经济发展的主力。2013—2018 年岳阳市全市GDP 及其增速如图 5-7 所示。

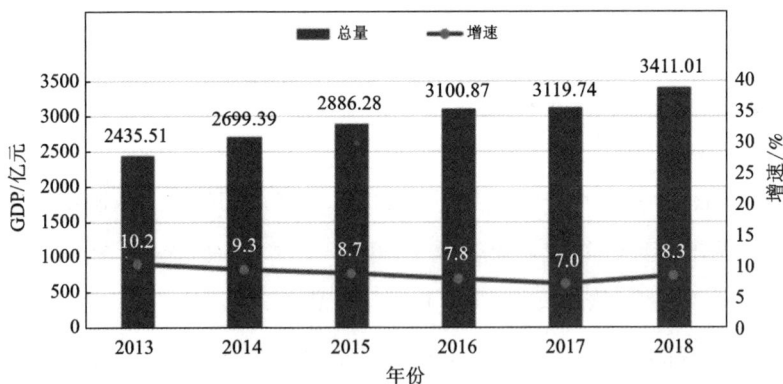

图 5-7  2013—2018 年岳阳市全市 GDP 及其增速

2018 年，岳阳市全年城镇新增就业 5.29 万人。年底依据城市已登记数据，失业率为 3.55%，失业人员再就职的有 2.79 万人。物价水平平稳增长，整年民众消费价格(CPI)比上年增长了 1.6%，具体指标详见表 5-3。商品零售价格(RPI)比上年增长了 2%，工业生产者出厂价格(PPI)比上年增长了 1.1%。

表 5-3　2018 年居民消费价格指数　　　　　　　%

| 指标 | 上月 = 100 | 上年同月 = 100 | 上年同期 = 100 |
| --- | --- | --- | --- |
| 居民消费价格总指数 | 99.8 | 101.6 | 101.6 |
| 食品烟酒类 | 100.3 | 101.1 | 101.4 |
| 衣着类 | 100.0 | 100.9 | 100.7 |
| 居住 | 100.1 | 104.5 | 103.1 |
| 生活用品及服务 | 99.7 | 100.4 | 100.5 |
| 交通和通信 | 97.8 | 100.4 | 102.6 |
| 教育文化和娱乐 | 100.0 | 101.1 | 100.5 |
| 医疗保健 | 100.0 | 101.5 | 101.7 |
| 其他用品和服务 | 100.2 | 100.2 | 99.3 |

财政收入运行稳健。2018 年，区域整年公共财政预算收入是 339.18 亿元，比上年增加了 20.9 亿元，增长 6.6%，其中税款是 285.38 亿元，增加了 41.94 亿元，增长 17.2%。地方公共财政预算收入是 143.89 亿元，较上年缩减了 8.25 亿元，下降 5.4%，其中税款是 91.75 亿元，增加了 12.81 亿元，增长 16.2%。

### 5.1.3　洞庭湖(岳阳段)水系分布与特征属性

#### 1.洞庭湖(岳阳段)水系分布

岳阳市域内河流均属于长江流域洞庭湖水系，主要河流多源自湖南省东、南、西边境的山地。其中湘、资两大水系由南向北流入洞庭湖；沅水自西南向东北、澧水自西向东、新墙河和汨罗江自东向西分别注入洞庭湖。长江向洞庭湖分流的三口(藕池河、松滋河、虎渡河)，自北向南泄入洞庭湖。岳阳市境内地表水系分布见图 5-8。

此外，洞庭湖接纳"三口""四水"及汨罗江、新墙河来水(俗称九龙闹洞庭)，

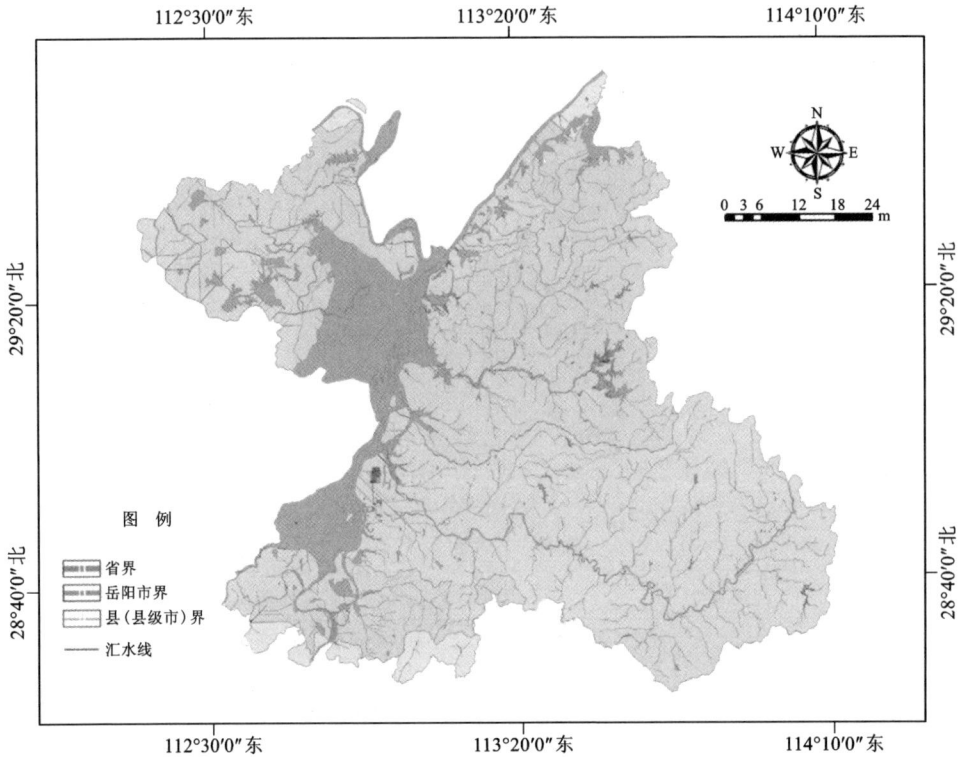

图5-8 岳阳市境内地表水系分布分析图

于城陵矶汇入长江。从河流水系自身分布状况来说,该水系具有连续性、生态性、地域性、网络性的特点,形成以洞庭湖为中心的辐射状水系。

2.域内水系的特征属性

在岳阳市地形的阶梯形态和城镇空间分布影响下,洞庭湖(岳阳段)水系河流的分布及属性呈现出如下特征。

(1)从全局看:数量多、流域广、量较大。

洞庭湖(岳阳段)流域河流水系高度发育,水体主要来源于湘江、资水、沅江、澧水、新墙河、汨罗江等大江水系。主要水系资料见表5-4。岳阳市域内长为5 km以上水系有273条,其中流域面积达$1.0 \times 10^4$ hm² 以上的有27条,达$2.0 \times 10^4$ hm² 以上的也有2条(分别为汨罗江和新墙河),市内主要河(湖)则有华容河和黄盖湖。

表 5-4　流经岳阳市的洞庭湖主要水系资料统计

| 河流 | 发源地 | 干流长度 /km | 湖南境内干流 长度/km | 流域面积 /km² | 湖南境内流 域面积/km² | 多年平均径 流量/亿 m³ |
|---|---|---|---|---|---|---|
| 湘江 | 广西海洋山 | 856 | 670 | 94660 | 85383 | 643 |
| 资水 | 广西资源、 湖南城步 | 713 | 630 | 28142 | 26738 | 227 |
| 沅江 | 贵州都匀、麻江 | 1033 | 568 | 89163 | 51066 | 653 |
| 澧水 | 湖南桑植、永顺 | 388 | 388 | 18496 | 15505 | 149 |
| 新墙河 | 罗霄余脉幕阜山 | 108 | 108 | 2370 | 2370 | |
| 汨罗江 | 黄龙山脉 | 253 | 253 | 5543 | 5543 | |

汨罗江全长为 253 km，总落差为 249.8 m，河道平均坡降为 0.46‰，沿程 5 km 以上长支流有 173 条；其中流域面积大于 100 km² 的支流有 10 条，较大支流多自右岸汇入，呈不对称羽状水系。新墙河全长为 108 km，河道平均坡降为 0.718‰，沿程 5 km 以上长支流有 51 条；其中流域面积大于 100 km² 的支流有 6 条，游港河最大，呈羽状水系。两条水系对岳阳城镇体系建设影响深远。

（2）从空间看：水系形状、密度具有多样性。

如图 5-9 所示，岳阳市水系的空间平面形态有树枝状、平行状、网络状三种特征。其中，树枝状河流的干、支流形似树权般相交，平行状河流在区域中大致呈现平行不相交的特征，而网络状则大多出现在河流密度较大的区域，如水系纵横穿插形成网络系统。

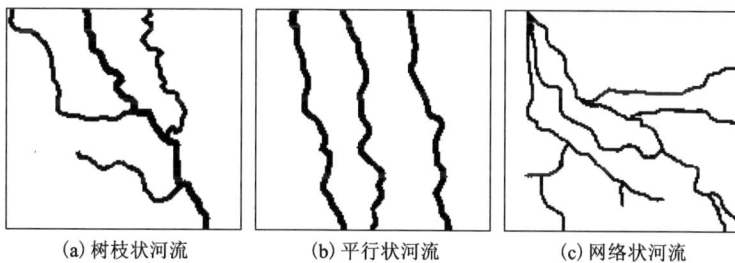

　　(a) 树枝状河流　　　　　(b) 平行状河流　　　　　(c) 网络状河流

图 5-9　宏观河流形状示意图

如果从河流与城市两者空间结构关系的角度来看,微观城市河流形状可以细分为单一河道型、多河相交型、环城水体型、多河平行型(包括低密度河流型和高密度河网型)四类。所形成的河流城市类型如图5-10所示。

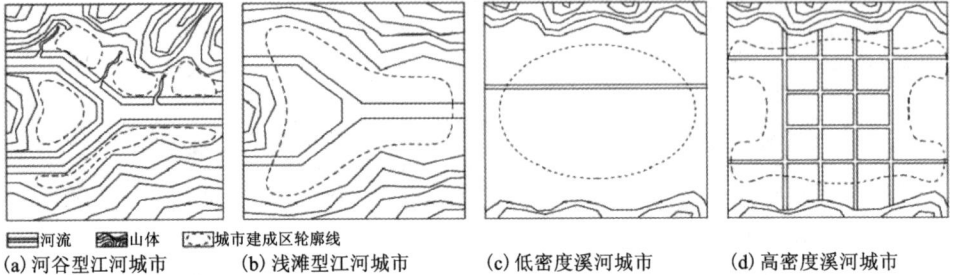

▓▓河流  ▨▨山体  □□城市建成区轮廓线

(a) 河谷型江河城市　(b) 浅滩型江河城市　(c) 低密度溪河城市　(d) 高密度溪河城市

**图5-10　城市河流类型示意图**

(3)从时间看:自然降雨周期呈现高低不均。

岳阳市地处东亚季风性气候,其丰富的水资源主要来自季风自然降水,但在降水时间上变化多端,降水量在多雨和少雨时期相差甚大,年际差达2.97倍,月际差更是高达6倍。此外,如图5-11所示,岳阳市的自然降水量与蒸发量并不

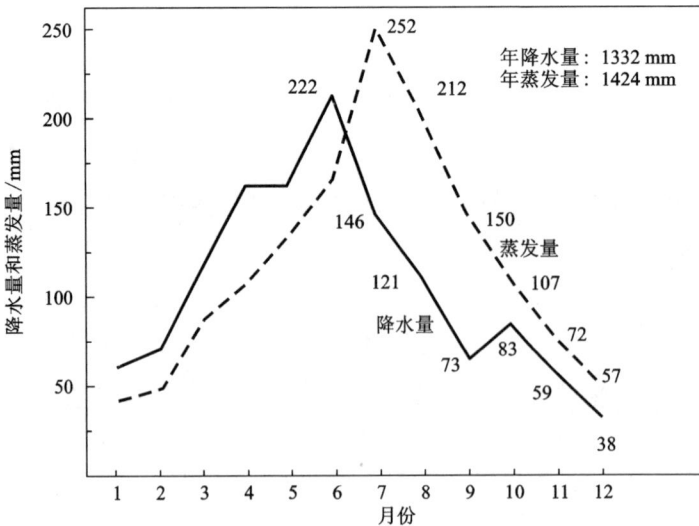

年降水量:1332 mm
年蒸发量:1424 mm

**图5-11　岳阳市降水、蒸发量**

协调，如岳阳市主要降雨集中在春夏季，尤其在 5—7 月较为丰富，在 6 月达到最大值。但不同年份差异也较大，如图 5-12 所示，在最高年际，6—7 月降水达到了平均量的 3 倍之多，最高数值在 2400 mm 以上，最少的年雨水量却不足800 mm，比平均年份少了 99% 以上。此外，每年降水量和蒸发量在 7 月会出现明显转折，在此以前是一年的雨季，补充量大于损失量，之后则是干旱期，损失量大于补充量，雨水量入不敷出。基于这样的降水特点，岳阳市水资源常常"入不抵出"，交替发生旱涝现象甚至呈现出旱涝并发的状况。

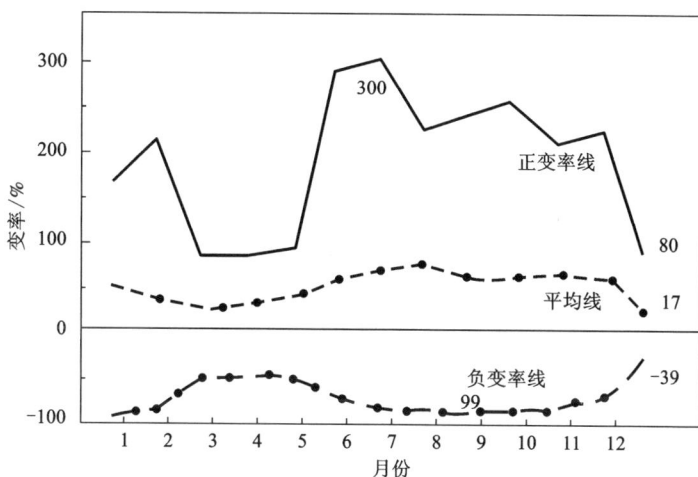

图 5-12　岳阳市降水变率

综上，岳阳市的旱涝灾害频率较高。数据显示，出现一种灾害的年份和两类灾害并存的年份分别占 57.4% 与 18.5%，无旱无涝的年份仅为 24.1%。此外，岳阳市水资源灾害中洪灾少于旱灾，主要是高密降水重现周期比低密降水重现周期长。由此可见，岳阳市的自然水资源总量丰富但分布不均，常处于雨水过多或偏少的情况，对社会生产和稳定发展造成了相当程度的负面作用。

## 5.1.4　岳阳市土地利用结构发展与一般规律分析

岳阳市土地用途按一级地类划分主要是建设用地、农用地和其他用地，按二级地类则分为城乡建设用地、其他建设用地、交通水利用地、水域、自然保留地、林地、耕地、牧草地、园地、其他农用地等。岳阳市土地利用现状区域特点分明，各区域土地分布和产出均有所不同。根据 2014 年土地变更调查结果显示，2014年末，全市土地总面积为 1485778.73 hm²。结合 2017 年修订的岳阳市总体规划，具体数据可见表 5-5 岳阳市土地利用结构表和图 5-13 岳阳市土地利用图。

表 5-5　岳阳市土地利用结构表

| 土地类型 | | | 面积/hm² | 比例/% |
|---|---|---|---|---|
| 土地总面积 | | | 1485778.73 | 100 |
| 农用地 | | 耕地 | 353808.58 | 23.81 |
| | | 园地 | 62676.62 | 4.22 |
| | | 林地 | 585557.88 | 39.41 |
| | | 牧草地 | 103.72 | 0.01 |
| | | 其他农用地 | 117881.24 | 7.93 |
| | | 农用地合计 | 1120028.04 | 75.38 |
| 建设用地 | 城乡建设用地 | 城镇用地 | 20944.29 | 1.41 |
| | | 农村居民点用地 | 76420.96 | 5.14 |
| | | 采矿及其他独立建设用地 | 3651.10 | 0.25 |
| | 交通水利用地 | | 31914.08 | 2.15 |
| | 其他建设用地 | | 1702.83 | 0.11 |
| | 建设用地合计 | | 134633.26 | 9.06 |
| 其他用地 | 水域 | | 213161.58 | 14.35 |
| | 自然保留地 | | 17955.85 | 1.21 |
| | 其他用地合计 | | 231117.43 | 15.56 |

1. 土地利用结构

(1) 总体结构。

总体结构为"二轴三中心"，"两轴"即以行政办公为主的公共轴——金鹗路至岳阳大道，以商业为主的公共综合轴——巴陵路至岳阳大道；"三中心"为三个

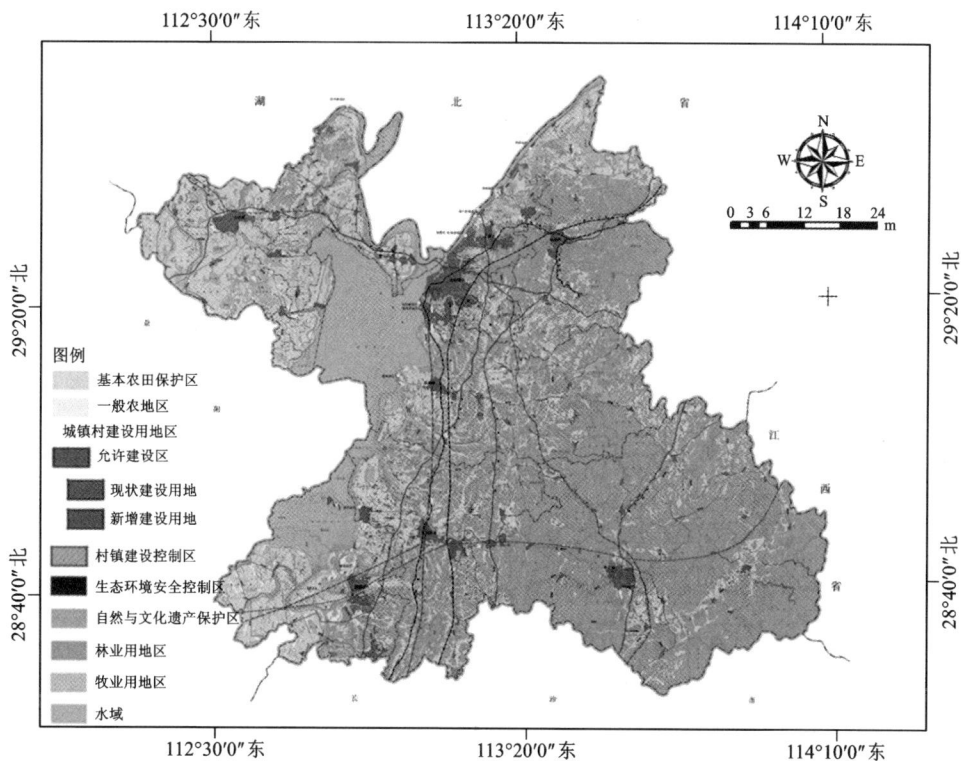

图 5-13 岳阳市土地利用图

公共服务中心，分别以奇家岭、金凤桥、东茅岭为核心。

（2）农业用地。

农用地占土地总面积的 75.38%，共 1120028.04 hm²。其中，林地 585557.88 hm²；耕地 353808.58 hm²，园地 62676.62 hm²，牧草地 103.72 hm²，分别占土地总面积的 39.41%、23.81%、4.22% 和 0.01%；其他农用地占土地总面积的 7.93%，为 117881.24 hm²。

（3）建设用地。

建设用地占土地总面积的 9.06%，共 134633.26 hm²。其中，城乡建设用地 101016.35 hm²；交通水利用地 31914.08 hm²；其他建设用地 1702.83 hm²，分别占土地总面积的 6.80%、2.15% 和 0.11%。

（4）其他用地。

其他用地主要为水域和自然保留地等，占土地总面积的15.56%，共231117.43 hm²。其中水域面积213161.58 hm²；自然保留地面积为17955.85 hm²，分别占土地总面积的14.35%和1.21%。

2. 土地利用特点

岳阳市土地利用存在明显的差异，水域及耕地主要分布于西部平湖区，建设用地主要分布于中部岗丘区，林地则主要分布于东部山丘区；全市土地经济密度区间存在较大差异，因而各区域土地产出也有着显著不同，"东北—西南"轴向总体水平更高，由市区往外呈两轴交替辐射递减；土地利用类型分布集中，所占比重最大的为农用地，其中又以耕地和林地为主，建设用地占比最小。

3. 土地后备资源潜力

岳阳市后备资源潜力达32583.96 hm²，涉及其他草地5446.01 hm²、内陆滩涂22556.86 hm²、沼泽地3.09 hm²、沙地37.13 hm²、裸地3457.23 hm²和采矿用地1083.64 hm²。后备资源类型主要为可开垦内陆滩涂。从全市的分布情况来看，岳阳县、湘阴县和君山区后备资源潜力较大，而岳阳楼区和云溪区的后备资源储备潜力较弱。

岳阳市2005—2014年区域开发建设迅速，如表5-6所示，使得城市土地利用格局陆续发生变化。其城镇建设面积明显增加，相对的是水域与自然保留地面积明显减少，城市生态系统平衡遭到破坏，城市自身调节或防灾能力下降。

表5-6　2005—2014年岳阳市土地利用结构调整表

| 土地类型 | | 2005 年 | | 2014 年 | | 2005—2014 |
|---|---|---|---|---|---|---|
| | | 面积/hm² | 比例/% | 面积/hm² | 比例/% | 年变化量/hm² |
| 土地总面积 | | 1489787.74 | 100.00 | 1485778.73 | 100.00 | -4009.01 |
| 农用地 | | 1108181.60 | 74.39 | 1120028.04 | 75.38 | 11846.44 |
| 建设用地 | | 124798.78 | 8.38 | 134633.26 | 9.06 | 9834.48 |
| 其他用地 | 水域 | 229051.54 | 15.37 | 213161.58 | 14.35 | -15889.96 |
| | 自然保留地 | 27755.82 | 1.86 | 17955.85 | 1.21 | -9799.97 |
| | 其他土地合计 | 256807.36 | 17.24 | 231117.43 | 15.56 | -25689.93 |

根据岳阳市 1980—2018 年土地利用类型变化一览表（表 5-7）和 2005—2020 年岳阳市规划期间土地利用生态系统面积变化统计（图 5-14）分析可得岳阳市在 2005—2015 年的土地发展情况：2005—2010 年，岳阳市农用地（主要是耕地与牧草地）面积缩减较多，建设用地面积和其他用地（水域、沼泽滩地、自然保留地）面积增加，城市发展建设主要是开发利用农用地；2010—2015 年，岳阳市农用地面积缩减较少，其他用地（主要是自然保留地）面积减少较多，建设用地面积增加，城市建设发展主要是开发自然保留地。

表 5-7　岳阳市 1980—2018 年土地利用类型变化一览表

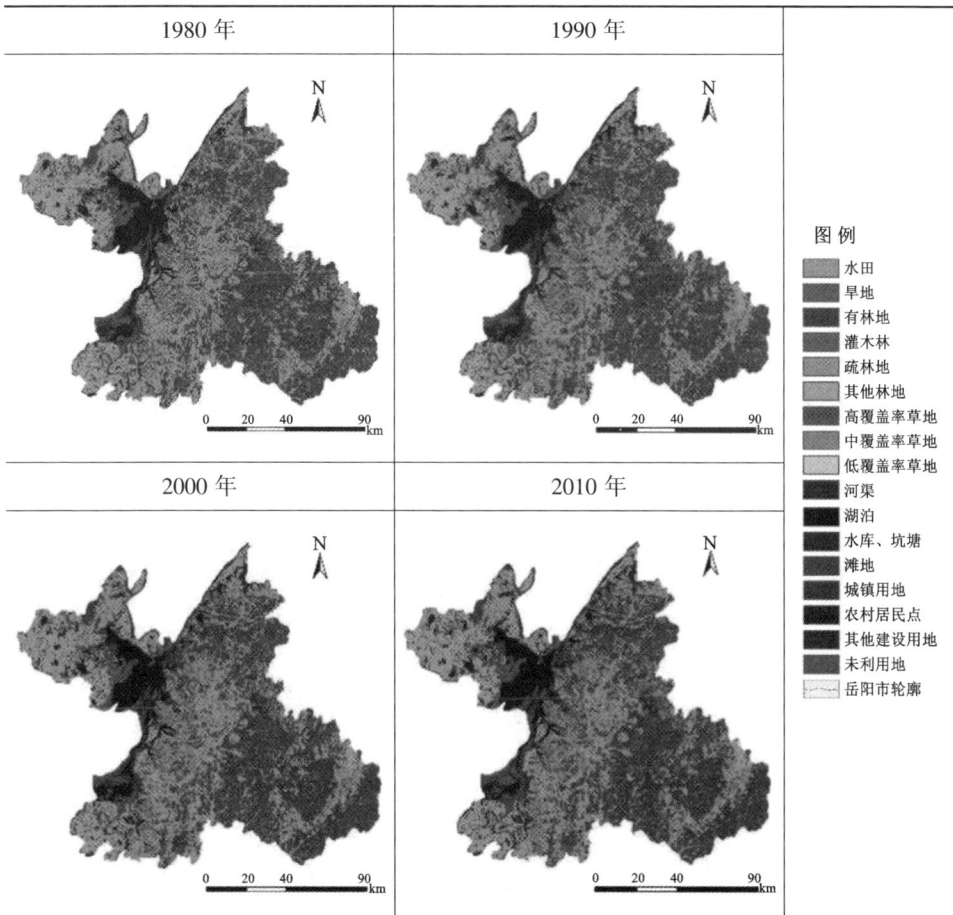

续表 5-7

| 2015 年 | 2018 年 | |
|---|---|---|
| 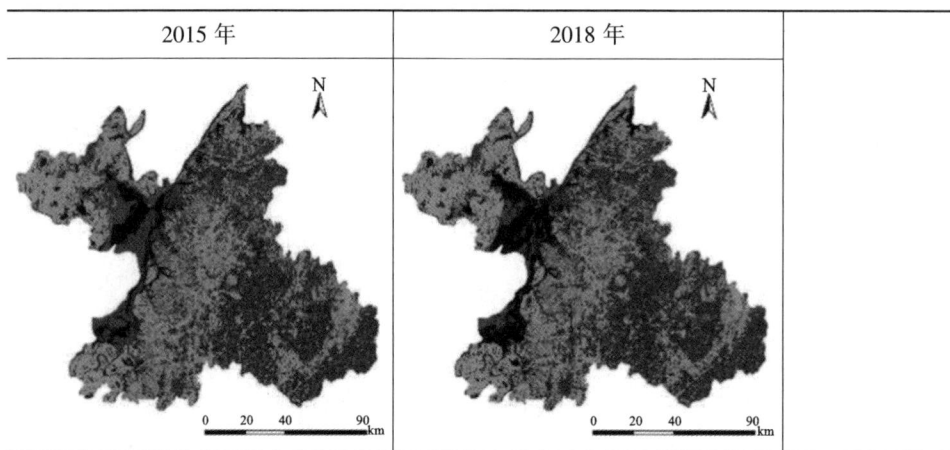 | | |

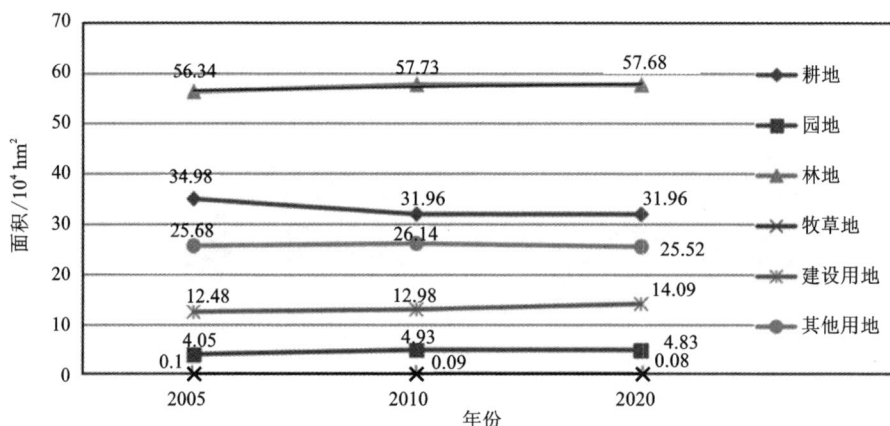

(a) 生态系统面积变化 (×10⁴ hm²)

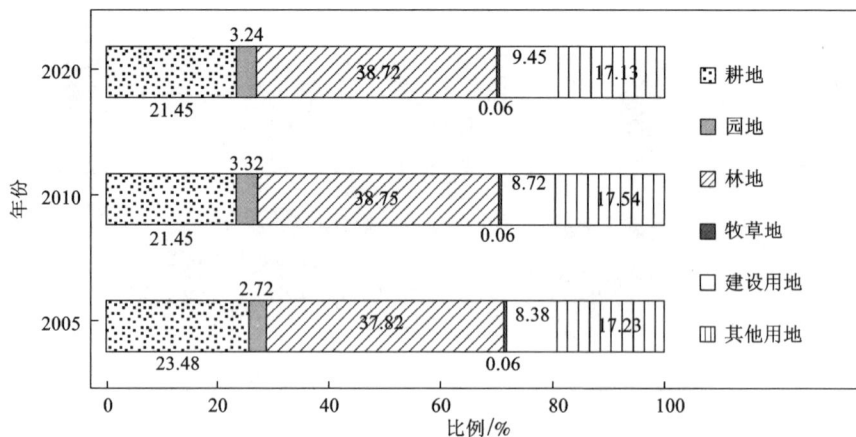

(b) 生态系统面积比例变化

**图 5-14  2005—2020 年岳阳市规划期间土地利用生态系统面积变化统计**

　　由图 5-15 岳阳市土地利用类型空间分布可见，2005—2018 年的十多年里，岳阳市虽然土地总面积有所缩减，但其建设用地面积还是明显增长，基本都是通过开发水域、自然保留地等弹性地区进行发展建设，其城市土地发展建设具有强烈的亲水性且高密度利用特性。虽然城市水域面积没有缩减，但生态效益良好的城市农用地与自然保留地总面积不断减少，水域生态调节或防洪防涝责任逐渐加重，甚至远超负荷，伴随着极端天气频率增加，带来的就是城市洪涝灾害爆发。在未来城市发展过程中，可预测其城市发展（土地开发）会继续和城市河湖流域等生态敏感区域冲突，缓慢破环城市生态平衡，进一步加重城市生态调节压力，增加城市洪涝灾害风险。

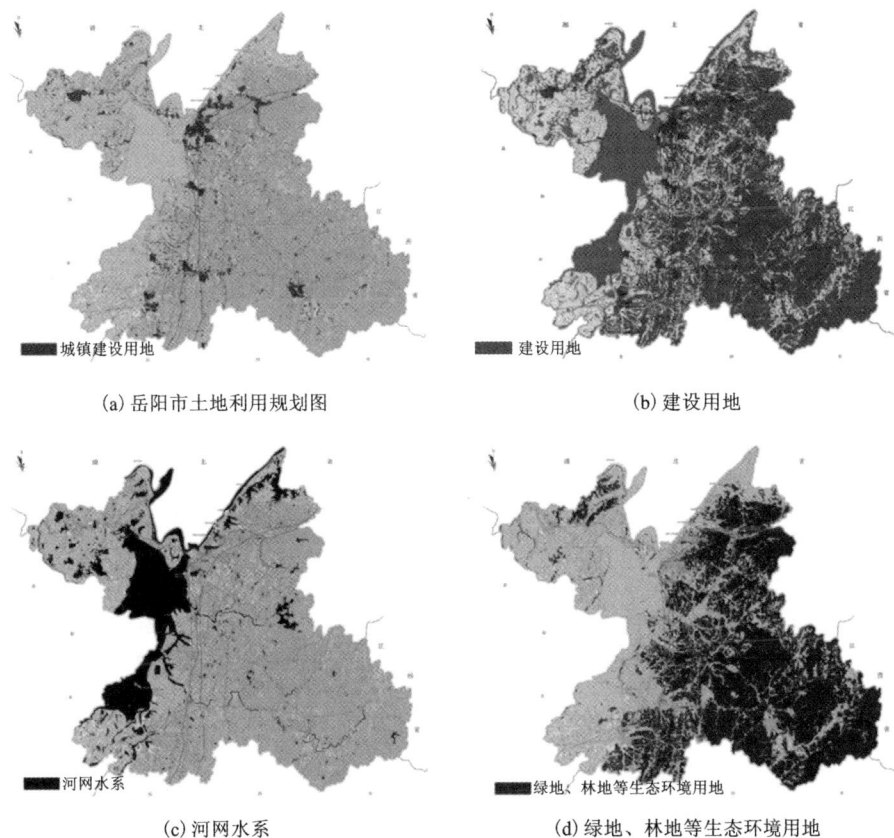

(a) 岳阳市土地利用规划图

(b) 建设用地

(c) 河网水系

(d) 绿地、林地等生态环境用地

图 5-15　岳阳市土地利用类型空间分布

## 5.2 岳阳市洪涝淹没模拟分析与结果分析

参考岳阳市 2006—2015 年降水情况分布(表 5-8),结合城市 DEM 数据综合分析得出其 2006—2015 年洪涝淹没区(表 5-9)。基于历年洪涝淹没区分析,通过计算获取暴雨内涝总径流量,整合 DEM 高程数据和地表土地利用类型,根据径流量等于淹没量的原理,在 GIS 中采用等容法将淹没区中高程低于淹没高程的所有栅格都算入淹没区,并采用 GIS 平台中的栅格计算工具——岳阳市的 DEM 和淹没深度的栅格图相减取异,从而获得洪涝淹没风险区域及等级图(图 5-16)。

表 5-8 岳阳市 2006—2015 年降水情况分布一览表

| 2006 年岳阳市降水情况分布图 | 2007 年岳阳市降水情况分布图 |
|---|---|
| 图例<br>单位:0.1 mm<br>高:17047.2<br>低:11058.1 | 图例<br>单位:0.1 mm<br>高:12851.1<br>低:9896.63 |
| 2008 年岳阳市降水情况分布图 | 2009 年岳阳市降水情况分布图 |
| 图例<br>单位:0.1 mm<br>高:16004.5<br>低:12310.9 | 图例<br>单位:0.1 mm<br>高:15228.5<br>低:11681.9 |

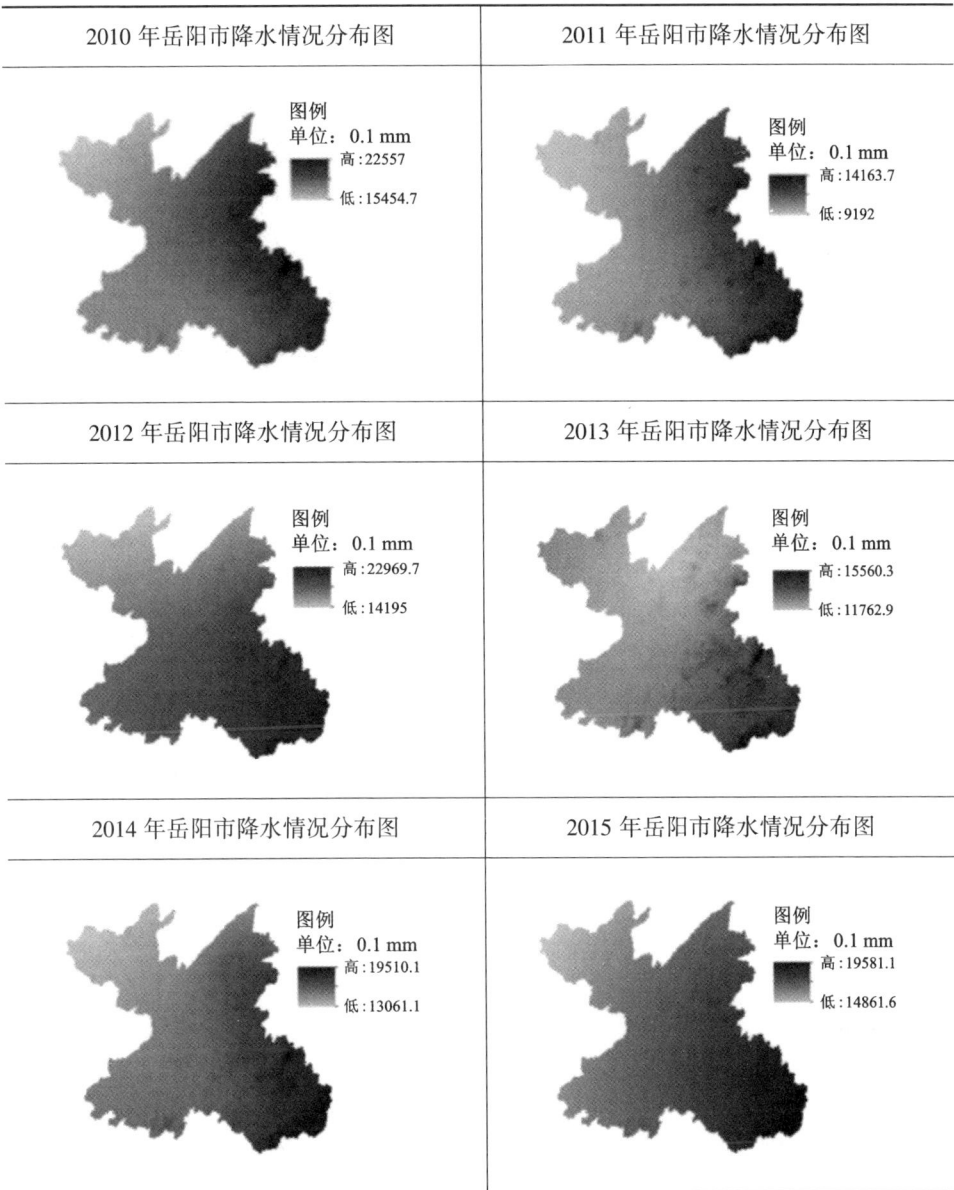

续表 5-8

| 2010 年岳阳市降水情况分布图 | 2011 年岳阳市降水情况分布图 |
|---|---|
| 图例<br>单位：0.1 mm<br>高：22557<br>低：15454.7 | 图例<br>单位：0.1 mm<br>高：14163.7<br>低：9192 |
| 2012 年岳阳市降水情况分布图 | 2013 年岳阳市降水情况分布图 |
| 图例<br>单位：0.1 mm<br>高：22969.7<br>低：14195 | 图例<br>单位：0.1 mm<br>高：15560.3<br>低：11762.9 |
| 2014 年岳阳市降水情况分布图 | 2015 年岳阳市降水情况分布图 |
| 图例<br>单位：0.1 mm<br>高：19510.1<br>低：13061.1 | 图例<br>单位：0.1 mm<br>高：19581.1<br>低：14861.6 |

表5-9 2006—2015 年岳阳市洪涝淹没区分析一览表

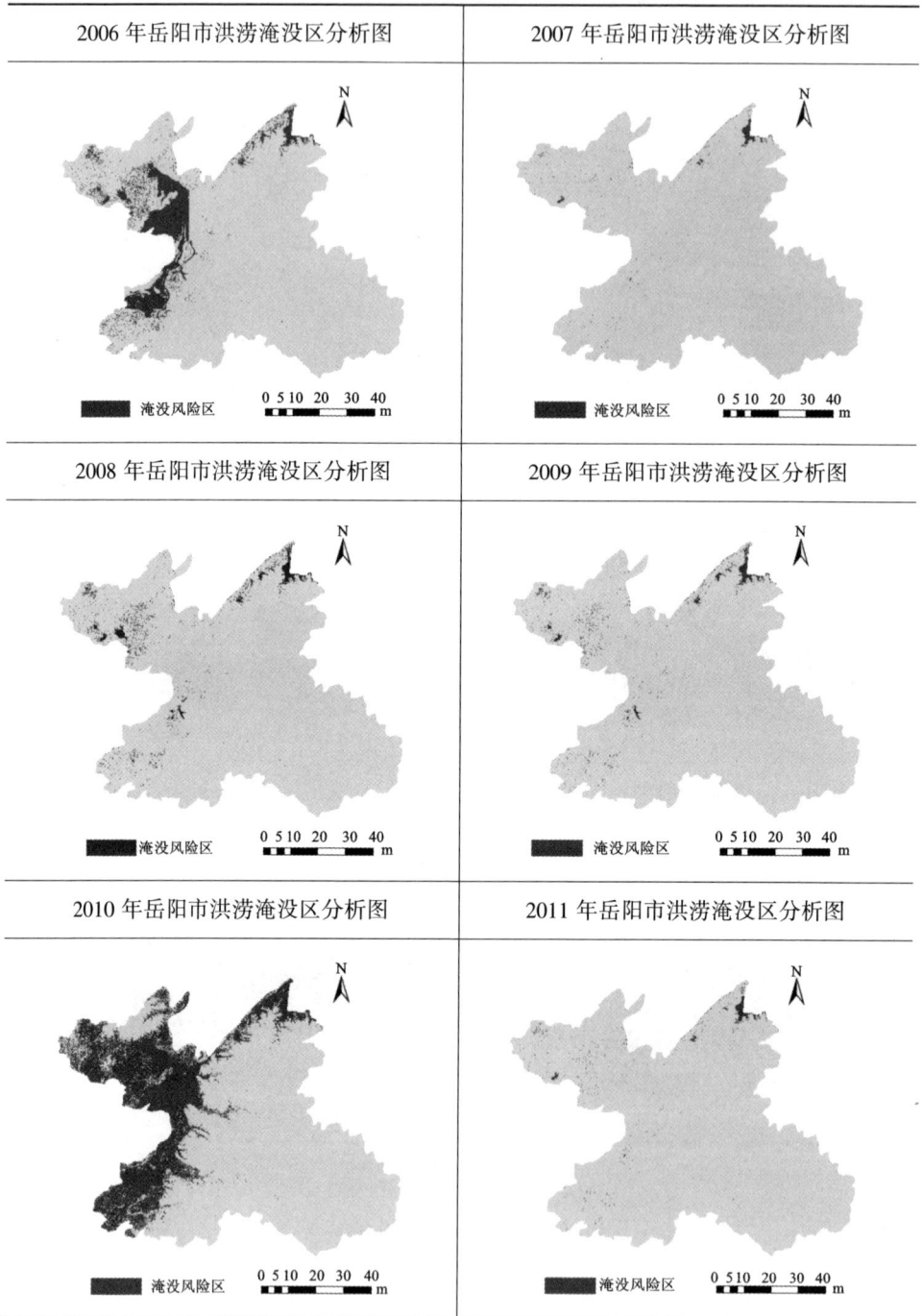

| 2006 年岳阳市洪涝淹没区分析图 | 2007 年岳阳市洪涝淹没区分析图 |
|---|---|
|  |  |
| 2008 年岳阳市洪涝淹没区分析图 | 2009 年岳阳市洪涝淹没区分析图 |
|  |  |
| 2010 年岳阳市洪涝淹没区分析图 | 2011 年岳阳市洪涝淹没区分析图 |
|  |  |

续表 5-9

| 2012 年岳阳市洪涝淹没区分析图 | 2013 年岳阳市洪涝淹没区分析图 |
|---|---|
|  |  |
| 2014 年岳阳市洪涝淹没区分析图 | 2015 年岳阳市洪涝淹没区分析图 |
|  |  |

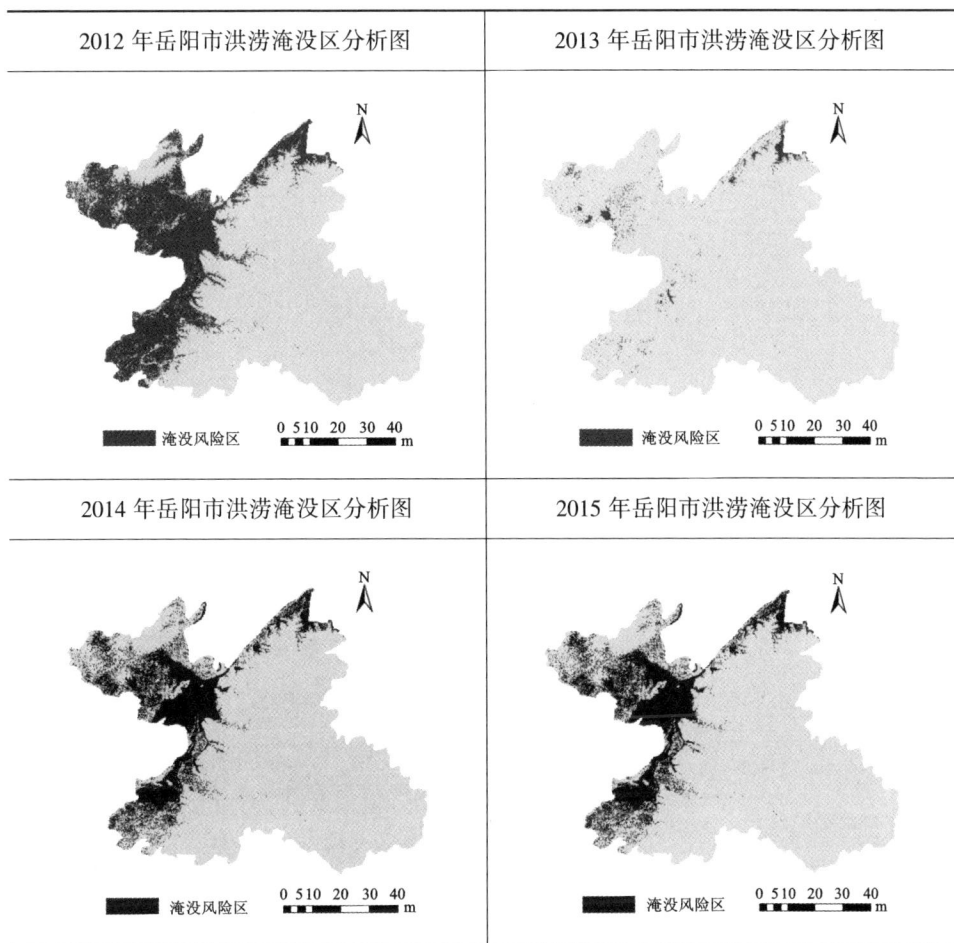

从图 5-16 可以看出：①岳阳市洪涝淹没高风险区集中在其东南地区，主要是因为东南区域地势高差明显，多为山谷汇水区，但因地形限制此处城市建设开发强度低，灾害影响低。②岳阳市中部地区的洪涝淹没风险较高，地势低平且周边被洞庭湖河网水系环绕，受暴雨洪涝影响很大，且城市建设开发强度大，灾害损失严重；其他地区虽也存在洪涝淹没风险，但其地区内主要是农田、林地等生态弹性好的区域，承灾及自我调节能力强，一定程度上可以减少洪涝淹没风险。

岳阳市域内气象环境无法保持一成不变且变化浮动比较大，区域土地利用变化，不同的土地类型其洪涝脆弱性也不同，这些在一定程度上影响了区域的"韧性"能力。以往随着地区开发建设,往往这些变化都是趋于不利方向发展,从而削减了地区的防灾、应灾功能,实际上这些变化的实质大多都是扩大了地区地表的硬质面积而影响了地表水体下渗率。针对地区地表下垫面的透水性问题可通过自然生态雨洪调蓄系统的恢复和构建来增强城市的洪涝灾害承受韧性。根据岳阳市洪涝风险分析结果,结合岳阳市城市总体规划与控制性详细规划,笔者论证分析总结出城市土地利用结构调整分区示意图(图5-17)。

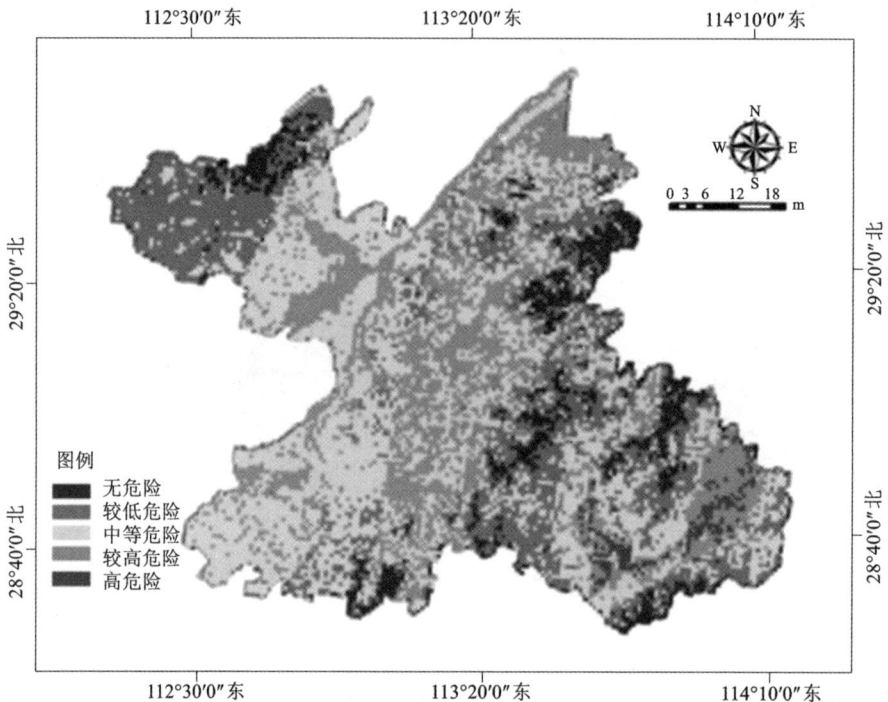

**图5-16 岳阳市洪涝淹没风险区域及等级图**

关于土地利用结构调整区。该区的土地利用规划可以将功能性水管理策略(河流流域或河岸)与一般的社会和文化领域相联结,以保证在土地利用规划或空间规划中充分考虑水元素,从而实现"与水共生"的国土空间规划。该区的土地利用开发需要考虑地表承灾能力,硬质地面面积不宜过大;还要保证有一定的自然生态弹性区域面积,在暴雨洪涝来临时可以及时蓄洪排洪;还可以进行用地功能局部调试，如风险区内居民密集区可以置换为生态停车场、绿地广场等。

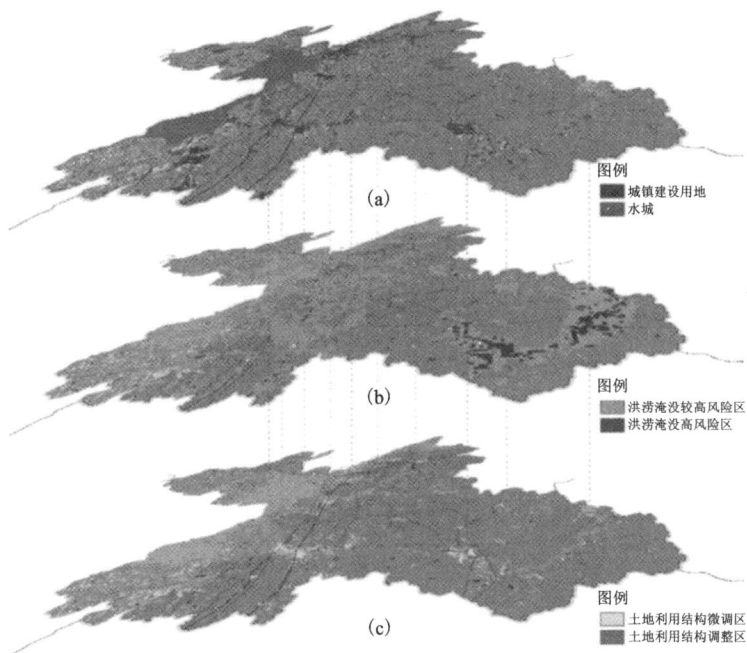

图例
■ 城镇建设用地
■ 水域

图例
■ 洪涝淹没较高风险区
■ 洪涝淹没高风险区

图例
■ 土地利用结构微调区
■ 土地利用结构调整区

**图 5-17　岳阳市土地利用结构调整分区示意图**

## 5.3　基于洪涝淹没风险区划的城市土地利用规划导向

### 5.3.1　洪涝管理与土地利用规划协同发展的综合框架

目前，多个国家和国际机构都很重视土地利用管理与洪涝灾害应对两者间的相互关系与作用。建立土地利用的洪涝承灾体系，能够使洪涝管理与土地利用更好地协同发展。在如图 5-18 所示的土地利用规划的洪涝承灾体系中，不同的决策者应从实施的规划目标、管理机制和具体行动计划等各个环节间寻求相互协调，从而有效、可持续地实现雨洪管控和城市开发目标。

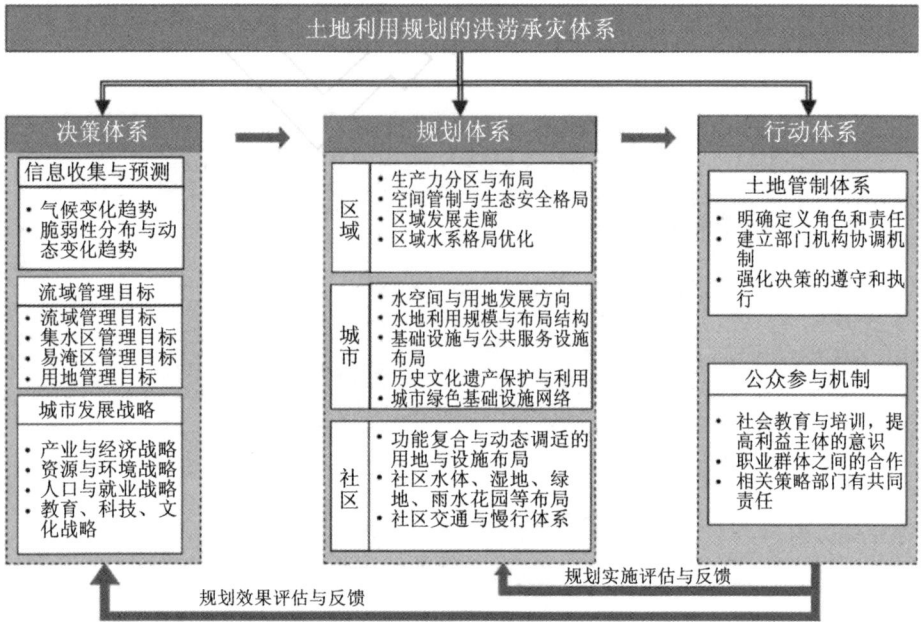

图 5-18　土地利用规划的洪涝承灾体系

## 5.3.2　洪涝管理目标下的城市土地利用规划的价值与意义

对于洪涝管理而言，现有管理还存在前瞻性与总体空间管控上的不足，对于雨洪灾害风险的预估与防灾专项不足，而基于洪涝淹没风险图的土地利用规划则很好地弥补了这点，其在提升城市洪涝承灾能力中发挥着重要作用（表 5-10）。

表 5-10　土地利用规划对提升城市洪涝承灾能力的作用

| 作用 | 具体内容 |
| --- | --- |
| 改善生态功能 | 土地利用规划可以最大限度地保持河流系统现有的生态功能，改善自然系统的生态功能，保护自然资源，建设低碳生态城市空间环境，同时减少灾害风险 |

**续表 5-10**

| 作用 | 具体内容 |
|---|---|
| 减少承灾体数量并降低承灾体脆弱性 | 暴雨的发生频率受地貌、土地利用性质、暴雨调节设施等自然环境因素的影响，以及政府的灾害管理、居民的防洪意识、防灾行动等因素的影响，均降低了城市用地灾害应对的脆弱性 |
| 影响径流峰值效应与污染效应 | 土地利用规划可以减少径流的产生，改善径流的污染，促进雨水的渗透、过滤和存储(如可渗透的沟渠和可渗透的人行道)，并改善生态环境和景观质量 |
| 提高社会韧性 | 土地利用规划可以通过空间组织模型提高洪涝淹没区的社会经济承受韧性。例如，区划引导居民、财产和重要设施建设远离高风险地区，从而有效地保障城市的基本生活和经营设施 |

## 5.3.3 洪涝管理目标下的河网地区城市土地利用规划应对

面对城市洪涝灾害，如表 5-11 河网地区城市土地利用优化方法所示，城市可从改善土地利用规划方面提升城市整体承灾能力来减轻灾害程度，主要分为三个方面，即土地利用规划调整、用地分级调控、用地功能调试(包括功能复合与功能置换)。除此之外，城市绿色基础设施建设更新也能很好地减轻城市洪涝风险。可以通过一系列生态用地与建设用地生态化措施，建立不同规模、相互连接的绿色基础设施网络，以生态方式控制雨水径流与污染，并从两个方面降低雨洪风险，即干预雨洪过程和适应雨洪。也可以结合景观生态学方法使城市绿色基础设施在洪灾过程中得以保持其基本功能，主要包括堤坝的生态建设、河漫滩的恢复与多层堤防设计，将内河湿地建设在堤防间，减少堤坝的相对高度和强度标准，恢复湿地系统等实用的韧性策略。

表5-11 河网地区城市土地利用优化方法一览表

| 土地利用优化方案 | | |
| --- | --- | --- |
| 土地利用规划调整 | 用地分级调控 | 用地功能调试 |
| ①将雨洪管理作为区域建设重要环节并纳入土地利用规划体系<br>②采用策略性的韧性洪水管理,把功能性的水管理政策(流域或河岸)与社会文化领域相结合,在土地利用或国土空间规划过程中保证考虑到水元素 | 根据洪涝灾害等级分布水平,进行土地利用适宜性规划。对土地利用规模、发展方向、功能布局、基础设施、街道布局、建筑形式和公共场所进行适应性调整和规划应根据空间分布规律和灾害特点而定 | ①用地功能复合:整合两种以上土地类型的用地功能,形成富有吸引力的土地利用组合,满足洪涝灾害背景下的各种需求<br>②用地功能置换:根据灾害风险的分布情况,对目标区域进行功能评估和修整,对极高风险且人口稠密区域进行用地功能置换,将空间调整为绿地广场、停车场等空旷空间 |

## 5.3.4 雨洪管理目标下的河网地区城市土地利用管控策略

雨洪管理目标下的河网地区城市土地利用管控策略:①土地管制,即政府采取限制性调控政策、激励政策,包括设置禁建区,建立区域界定的生态线,出台土地开发强度限制和其他限制性调控政策,调整开发强度转移、容积率红利,实施洪水保险和其他激励措施,进行技术援助、信息披露和公众参与计划,增加公共雨洪控制设备,开展承洪公共投资示范项目,等等。②区划条例,即根据洪水位线的历史数据模拟降雨环境下的洪涝灾害,对洪灾区进行分类分级,引入土地使用监管机制,灾区土地类型和强度实施分级控制。③在制定区域或城市规划时,使用规划许可管理来控制洪涝淹没地区的土地使用和开发活动。④规划、建筑标准和规范提供了强制性的施工准则,以改善建筑物和基础设施的防洪能力。雨洪管理的目标以及有关规划和建设的法规应从总体发展规划、可控的详细规划到土地和空间的详细规划的不同层次上执行。⑤土地使用规划应建立在明确的法律框架的基础上,以阐明所有部门和公众的权利和责任。例如,法国制定了一个特定的规划制度来规范现有和未来灾区的土地使用。法律制度应使当局能够利用必要的资源引导开发综合规划工具,如洪涝风险图,同时确保及时提供和更新这些工具。

# 第 6 章

▼

## 总结与展望

## 6.1 主要结论

本书选择了城市频发的暴雨洪灾为研究对象，利用数据统计方法开展了洪涝淹没模拟分析，对岳阳市进行了洪涝淹没风险评估且作出了洪涝淹没风险区域划定，然后基于洪涝淹没风险分区分级反馈到城市规划体系建设中，以指导河网地区城市未来土地利用规划与防洪减灾规划。本书主要结论有：①河网地区城市——岳阳市城市洪涝灾害问题溯因与其土地利用演变规律及未来发展趋势；②基于 GIS 与城镇综合资料得出岳阳市洪涝淹没风险分区或等级图，再结合现状及发展因素分析出城镇土地利用结构调整意向图；③在洪涝淹没风险分区或等级图的基础上，综合城镇各方面的发展政策与计划，提出了河网地区城市洪涝灾害应对的工程与非工程措施，还提出了基于河网地区城市洪涝淹没风险分析的城市土地利用规划导向策略，完善了河网地区城市规划管理的生态薄弱环节与洪涝灾害管理应对。

## 6.2　研究展望

　　本书对过去河网地区城市发展理论研究进行了较详细的梳理，并在此基础上有了一定的拓展，通过结合实际案例的研究分析，对河网地区城市未来土地利用规划与防洪减灾规划进行了一些思考。本研究尚有部分战略问题值得注意：①生态导向发展价值诉求被弱化。处于河网地区的城市，生态导向理论的"高效、和谐、持续发展"的内核受到城市发展的内在压力与外部环境的冲击，因而难以达到理论的价值期望。②以静态目标为导向的规划思维僵化。现行各类规划工作思路大多以蓝图式的发展目标为依据，期待城市系统发展形成一种常态的静态平衡。而海绵城市、韧性城市等理论，更侧重于建设城市的动态相对平衡，强调在变化中不断提升自身适应能力。③城市规划管理与城市敏感地区控制的衔接较弱。目前城市规划管理工作为协调城市发展要素，但其工作重心主要落实在促进城市建成区发展，而对市域内城市建成区外的生态敏感地区重视程度不够，导致河网地区城市的生态失衡，造成了城市管控衔接的错位。④城市发展过度强调指标化刚性标准。如目前对于可持续发展理论在河网地区城市层面的运用，更多的是设定部分指标参数，以期达到刚性控制的目的，而城市发展弹性相对不足。解决以上问题的是落实河网地区城市发展理论的重要前提，也是城市制定防洪减灾规划的重要支撑。

　　此外，本书主要针对河网型城市进行研究讨论，研究区域定为城市内部空间范围，但是从大流域防洪角度来说，城市内部水系只是整体流域的分支部分，或是作为中游段、下游段的空间存在，属于局部空间防洪策略。因此，洪涝模拟与防洪减灾规划将来是否能实现从城市尺度跨越到流域尺度的统筹规划，还需不断深入研究。本书的洪水淹没模拟分析内容主要基于 GIS 作出的无源洪水模拟分析，属于水系整体洪水大幅度增长的模拟状态，但在实际生活中，还存在着堤坝溢洪的情况。本书提出城市洪涝防治的总思路、路径和实施保障机制，仍处于初步探究，在落实到实际管理过程中，依然缺乏深入的探究与考察。

# 参考文献

[1] 杨元辉.北京城市土地资源利用变化对雨洪径流的影响[C]//杨培岭.国际农业论谈——
2005 北京都市农业工程科技创新与发展国际研讨会论文集.北京：中国水利水电出版社，
2005：256-261

[2] 张华,尹占娥,殷杰,等.基于土地利用的城市暴雨内涝灾害脆弱性评估——以上海浦东
新区为例[J].上海师范大学学报(自然科学版),2011,40(4):427-434.

[3] CHEN Y B, ZHOU H L, ZHANG H, et al. Urban flood risk warning under rapid urbanization
[J]. Environmental Research, 2015, 139.

[4] 王绍玉,刘佳.城市洪水灾害易损性多属性动态评价[J].水科学进展,2012,23(3):
334-340.

[5] 周洪建,汪明,胡心佳,等.年度洪涝灾害风险评估模型及其应用——以湖南为例[J].灾
害学,2019,34(1):122-127.

[6] 蒋祺,郑伯红.城市用地扩展对长沙市水系变化的影响[J].自然资源学报,2019(7):1429
-1439.

[7] ANDREW V, LAURE K, ORLA S, et al. Water for all：Towards an integrated approach to
wetland conservation and flood risk reduction in a lowland catchment in Scotland[J]. Journal of
Environmental Management, 2019, 246.

[8] 夏智宏,周月华,史瑞琴,等.基于 MapGIS 的暴雨洪涝风险评估系统设计与实现[J].自然
灾害学报,2014,23(3):132-137.

[9] 尹占娥,许世远,殷杰,等.基于小尺度的城市暴雨内涝灾害情景模拟与风险评估[J].

[10] 石勇, 许世远, 石纯, 等. 基于情景模拟的上海中心城区居民住宅的暴雨内涝风险评价 [J]. 自然灾害学报, 2011, 20(3): 177-182.

[11] SHI Y, XU S Y, SHI C, et al. Risk assessment of rainstorm waterlogging on old-style residences downtown in Shanghai based on scenario simulation[J]. Journal of Natural Disasters, 2011, 20(3): 177-182.

[12] YIN J, YE M, YIN Z, et al. A review of advances in urban flood risk analysis over China [J]. Stochastic Environmental Research and Risk Assessment, 2014, 29: 1063-1070.

[13] 李衡. 长江三角洲地区土地利用/覆被变化及其对洪灾孕灾环境的影响研究[D]. 南京: 南京大学, 2012.

[14] 陈德超. 浦东城市化进程中的河网体系变迁与水环境演化研究[D]. 上海: 华东师范大学, 2003.

[15] TENG J, JAKEMAN A J, VAZE J, et al. Flood inundation modelling: A review of methods, recent advances and uncertainty analysis [J]. Environmental Modelling & Software, 2017, 90: 201-216.

[16] 杨青娟. 基于可持续雨洪管理的城市建成区绿地系统优化研究[D]. 成都: 西南交通大学, 2014.

[17] 张杨, 马泽忠, 陈丹. 基于生态格局视角的三峡库区土地生态系统服务价值[J]. 水土保持研究, 2019, 26(5): 321-327.

[18] 刘勇, 张韶月, 柳林, 等. 智慧城市视角下城市洪涝模拟研究综述[J]. 地理科学进展, 2015, 34(4): 494-504.

LIU Y, ZHANG S Y, LIU L, et al. Research on urban flood simulation: A review from the smart city perspective[J]. Progress in Geography, 2015, 34(4): 494-504.

[19] FLETCHER T D, ANDRIEU H, HAMEL P. Understanding, management and modelling of urban hydrology and its consequences for receiving waters: a state of the art [J]. Advances in Water Resources, 2013, 51: 261-279.

[20] 尹占娥, 殷杰, 许世远, 等. 转型期上海城市化时空格局演化及驱动力分析[J]. 中国软科学, 2011(2): 101-109.

[21] 余铭婧. 城镇化背景下水系特征及水文过程变化研究[D]. 南京: 南京大学, 2013.

[22] 周洪建, 王静爱, 岳耀杰, 等. 基于河网水系变化的水灾危险性评价——以永定河流域京津段为例[J]. 自然灾害学报, 2006(6): 45-49.

［23］李帅杰.城市洪水风险管理及应用技术研究［D］.北京：中国水利水电科学研究院，2013.

［24］唐勇.城区防汛管理体系研究［D］.南京：东南大学，2018.

［25］雷芳妮.微波遥感土壤湿度误差估计与水文数据同化［D］.武汉：武汉大学，2016.

［26］高习伟.上海市应对气候和土地利用变化的城市雨洪安全策略研究［D］.上海：华东师范大学，2016.

［27］JUAREZ-LUCAS A M, KIBLER K M, SAYAMA T, et al. Flood risk-benefit assessment to support management of flood-prone lands［J］. Journal of Flood Risk Management, 2019, 12（3）.

［28］LIM M B B, LIM H R, PIANTANAKULCHAI M. Flood evacuation decision modeling for high risk urban area in the Philippines［J］. Asia Pacific Management Review, 2019, 24(2).

［29］OKAKA F O, ODHIAMBO B D O. Households' perception of flood risk and health impact of exposure to flooding in flood－proneinformal settlements in the coastal city of Mombasa［J］. International Journal of Climate Change Strategies and Management, 2019, 11(4).

［30］石勇，许世远，石纯，等.洪水灾害脆弱性研究进展［J］.地理科学进展，2009，28（1）：41-46.

SHI Y, XU S Y, SHI C, et al. A review on development of vulnerability assessment of floods［J］. Progress in Geography, 2009, 28(1): 41-46.

［31］毛德华，贺新光，彭鹏，等.洪灾风险分析的国内外研究现状及展望（Ⅱ）——防洪减灾过程风险分析研究现状［J］.自然灾害学报，2009，18（1）：150-157.

［32］XU L J, DENG J Y, CHEN C, et al. Urban rain flood disaster mechanism and prevention research［J］. Applied Mechanics and Materials, 2015, 3823(730).

［33］ABEBE Y A, GHORBANI A, NIKOLIC I, et al. Flood risk management in Sint Maarten-A coupled agent－based and flood modelling method［J］. Journal of Environmental Management, 2019, 248.

［34］王浩.基于二元模式的水文水资源监测分析技术及应用［C］//中国分析测试协会.中国分析测试协会科学技术奖发展回顾.北京：北京科学技术出版社，2015.

［35］刘家宏，王浩，高学睿，等.城市水文学研究综述［J］.科学通报，2014，59（36）：3581-3590.

［36］汤鹏，王玮，张展，等.海绵城市建设中建成区雨洪格局的量化研究［J］.南京林业大学学报（自然科学版），2018，42（1）：15-20.

［37］ZEHRA D, MBATHA S, CAMPOS L C, et al. Rapid flood risk assessment of informal urban settlements in Maputo, Mozambique：The case of Maxaquene A［J］. International Journal of Disaster Risk Reduction, 2019, 40.

［38］SALVADORE E, BRONDERS J, BATELAAN O. Hydrological modelling of urbanized catchments：A review and future directions［J］. Journal of Hydrology, 2015, 529：62-81.

［39］李超超, 程晓陶, 申若竹, 等. 城市化背景下洪涝灾害新特点及其形成机理［J］. 灾害学, 2019, 34（2）：57-62.

［40］徐小峰. 小流域土地利用结构变化对河流水环境的影响研究［D］. 苏州：苏州科技大学, 2018.

［41］杨青娟. 基于可持续雨洪管理的城市建成区绿地系统优化研究［D］. 成都：西南交通大学, 2014.

［42］扈海波. 城市暴雨积涝灾害风险突增效应研究进展［J］. 地理科学进展, 2016, 35（9）：1075-1086.

［43］贺颖鑫. 海绵视角下的丘陵地区雨水径流控制设施规划及应用［D］. 长沙：湖南大学, 2017.

［44］丁志雄. 基于 RS 与 GIS 的洪涝灾害损失评估技术方法研究［D］. 北京：中国水利水电科学研究院, 2004.

［45］CARRASCO S, DANGOL N. Citizen-government negotiation：Cases of in riverside informal settlements at flood risk［J］. International Journal of Disaster Risk Reduction, 2019, 38.

［46］VAN COPPENOLLE R, TEMMERMAN S. A global exploration of tidal wetland creation for nature-based flood risk mitigation in coastal cities［J］. Estuarine, Coastal and Shelf Science, 2019, 226.

［47］侯雷. 对城市内涝灾害应急管理的反思及建议［J］. 行政与法, 2015（1）：5-9.

［48］徐鹏. 基于 COM 的汕头市溃堤洪灾 GIS 模拟模型［D］. 汕头：汕头大学, 2004.

［49］张犁. 城市洪水分析与模拟的 GIS 方法研究［J］. 地理学报, 1995（S1）：76-84.

［50］陈雪倩. 应对城市内涝的景观基础设施策略与运用研究［D］. 苏州：苏州大学, 2018.

［51］宋建波, 武春友. 城市化与生态环境协调发展评价研究——以长江三角洲城市群为例［J］. 中国软科学, 2010（2）：78-87.

［52］薛丰昌, 高晓东, 钱津, 等. 基于 GIS 的城市内涝积水数值模拟［J］. 测绘与空间地理信息, 2012, 35（12）：12-14.

［53］郭嵘.哈尔滨雨洪安全格局构建及规划措施研究［C］//中国城市规划学会.新常态：传承与变革——2015中国城市规划年会论文集(01城市安全与防灾规划).北京：中国建筑工业出版社,2015：203-214.

［54］高秀华.郑州市中心城区内涝灾害风险管理研究［D］.河南理工大学,2017.

［55］岳阳市统计局.岳阳市2018年国民经济和社会发展统计公报［N］.岳阳日报,2019-04-10(03).

［56］孙莉英,毛小苓,黄铮,等.洪水灾害对区域可持续发展的长期影响分析［J］.北京大学学报(自然科学版),2009,45(5)：875-88.

［57］廖桂贤,林贺佳,汪洋.城市韧性承洪理论——另一种规划实践的基础［J］.国际城市规划,2015,30(2)：36-47.

［58］薛德升,王立.1978年以来中国城市地理研究进展［J］.地理学报,2014,69(8)：1117-1129.

［59］杨帆,郑伯红,陶蕴哲,等.城市绿地系统规划与雨洪管理协同的实现机理［J］.中南大学学报(自然科学版),2016,47(9)：3273-3279.

［60］袁方成,康红军.新型城镇化进程中的"人-地"失衡及其突破［J］.国家行政学院学报,2016(4)：47-52.

［61］邵玉龙,许有鹏,马爽爽.太湖流域城市化发展下水系结构与河网连通变化分析——以苏州市中心区为例［J］.长江流域资源与环境,2012,21(10)：1167-1172.

**图书在版编目(CIP)数据**

河网地区城市发展理论研究与防洪减灾规划应对 /
杨帆, 张鹏著. —长沙: 中南大学出版社, 2020.11

ISBN 978-7-5487-3460-4

Ⅰ.①河… Ⅱ.①杨… ②张… Ⅲ.①河网化—城市
发展—研究—中国②防洪—城市规划—研究—中国 Ⅳ.
①F299.2②TV87

中国版本图书馆 CIP 数据核字(2020)第 220450 号

## 河网地区城市发展理论研究与防洪减灾规划应对
HEWANG DIQU CHENGSHI FAZHAN LILUN YANJIU YU FANGHONG JIANZAI GUIHUA YINGDUI

杨帆 张鹏 著

| □责任编辑 | 刘颖维 |
| □责任印制 | 周 颖 |
| □出版发行 | 中南大学出版社 |
| | 社址: 长沙市麓山南路 邮编: 410083 |
| | 发行科电话: 0731-88876770 传真: 0731-88710482 |
| □印 装 | 湖南省众鑫印务有限公司 |

| □开 本 | 710 mm×1000 mm 1/16 □印张 6.75 □字数 133 千字 |
| □版 次 | 2020 年 11 月第 1 版 □2020 年 11 月第 1 次印刷 |
| □书 号 | ISBN 978-7-5487-3460-4 |
| □定 价 | 78.00 元 |

图书出现印装问题, 请与经销商调换